T0198509

IT kompakt

Valentin Plenk

Angewandte Netzwerktechnik kompakt

Dateiformate, Übertragungsprotokolle und ihre Nutzung in Java-Applikationen

2., aktualisierte und erweiterte Auflage

Valentin Plenk
Hochschule Hof
Hof, Deutschland

ISSN 2195-3651   ISSN 2195-366X (electronic)
IT kompakt
ISBN 978-3-658-24522-1   ISBN 978-3-658-24523-8 (eBook)
https://doi.org/10.1007/978-3-658-24523-8

Die Deutsche Nationalbibliothek verzeichnet diese Publikation in der Deutschen
Nationalbibliografie; detaillierte bibliografische Daten sind im Internet über
http://dnb.d-nb.de abrufbar.

Vorwort

Zum Aufbau des Buches

Viele Lehr- und Sachbücher erklären den Stoff von den Grundlagen zur Anwendung. Damit ergibt sich eine Lernsituation nach dem Motto „Lern das mal! Später verstehst Du auch, wozu Du das brauchst." Das erinnert mich an den folgenden Witz:

> Sagt ein Mann zu einem Passanten: „Kennen Sie den Weg zum Bahnhof?"
> Der Passant verneint, darauf der Mann: „Also passen Sie mal auf! Sie gehen diese Straße runter, dann links und dann ..."

Ich habe oft das Gefühl, dass ich die Rolle des Mannes spiele und meine Studierenden die des Passanten. Um dieses Problem zu vermeiden, habe ich das Buch von der Anwendung zur Theorie aufgebaut. Die Kapitel sind so angeordnet, dass zunächst eine Anwendung dargestellt wird und danach vom Abstrakten zum Konkreten die entsprechende technische Lösung.

Zum Inhalt des Buches

Den Stoff für das Buch habe ich aus vielen, thematisch enger gefassten Büchern so ausgewählt, dass das Buch den gesamten Bereich technischer Kommunikation von Datenformaten über Protokolle bis hin zum Versenden von Netzwerktelegrammen abdeckt. Der Schwerpunkt liegt dabei auf der Anwendung von Netzwerken. Technische Aspekte der Übertragungsschicht werden nicht behandelt.

Viele konkrete, wo sinnvoll in Java ausprogrammierte Beispiele zeigen die Anwendung des Stoffs. Spätere Kapitel greifen die Beispiele aus den früheren Kapiteln wieder auf und helfen dem Leser, den roten Faden nicht zu verlieren.

Wer das Buch bis zum Ende durcharbeitet, baut ein Verständnis der typischen Probleme in der Anwendung der Netzwerktechnik auf, von der Repräsentation der Daten in einem Dateiformat über den Austausch der Daten über Standardprotokolle bis hin zur Definition einfacher, eigener Protokolle auf der Basis von TCP/IP.

Diese zweite Auflage des Buches erweitert das Themenspektrum um die heute immer wichtiger werdenden Web Services (Kap. 9). Kap. 8 habe ich um Codebeispiele für Broadcast und Multicast erweitert. Im Rest des Buches habe ich kleinere Verbesserungen eingefügt.

Oberkotzau   Valentin Plenk
Oktober 2018

Danksagung

Ich danke allen, die mich beim Schreiben unterstützt haben. Besonders erwähnen möchte ich dabei meinen Kollegen, Prof. Dr. Scheidt, der mir zahlreiche Unterlagen und die Abb. 7.2, 7.3 und 7.4 zur Verfügung gestellt hat, Herrn Bernd Kandler, der mich bei den Übungsaufgaben unterstützt hat, Herrn Philipp Schmalz, der für die ansprechende Gestaltung der Abbildungen und des Textes gesorgt und das Material für die begleitende Webseite zusammengestellt hat, und Herrn Denis Brysiuk, der mich beim Ausarbeiten von Kap. 9 unterstützt und die Demoserver implementiert hat.

Abkürzungen

ACK	Acknowledgement
ASCII	American Standard Code for Information Interchange
CSMA/CA	Carrier Sense Multiple Access/Collision Avoidance
CSMA/CD	Carrier Sense Multiple Access/Collision Detection
CSS	Cascading Style Sheets
DNS	Domain Name System
FDMA	Frequency Division Multiple Access
FTP	File Transfer Protocol
HTML	Hypertext Markup Language
HTTP	Hypertext Transfer Protocol
HTTPS	Hypertext Transfer Protocol Secure
IETF	Internet Engineering Task Force
IP	Internet Protocol
JAR	Java Archive
JSON	JavaScript Object Notation
MAC	Media Access Control
MSS	Maximum Segment Size
MTU	Maximum Transfer Unit
NAT	Network Address Translation
OPC UA	Open Platform Communications Unified Architecture
PLC	Programmable Logic Controller = SPS
PPP	Point-to-Point Protocol
REST	REpresentational State Transfer
RPC	Remote Procedure Call
RTP	Real-Time Transport Protocol
SACK	Selective Acknowledgements

SDK	Software Development Kit
SEI	Service Endpoint Interface
SEQ	Sequence
SOAP	ursprünglich Simple Object Access Protocol, heute ein eigenständiger Begriff
SYN	Synchronize
SMTP	Simple Mail Transfer Protocol
SPS	speicherprogrammierbare Steuerung = PLC
TCP/IP	Transmission Control Protocol/Internet Protocol
TDMA	Time Division Multiple Access
UDP/IP	User Datagram Protocol/Internet Protocol
URI	Uniform Resource Identifier
URL	Uniform Resource Locator
URN	Uniform Resource Name
USC	Universal Character Set
UTF	USC Transformation Format
WIN	Window (Size)
WLAN	Wireless Local Area Network
WSDL	Web Services Description Language
WWW	World Wide Web
XML	Extensible Markup Language

Inhaltsverzeichnis

Einführung

1

Zusammenfassung

Dieses Kapitel stellt zunächst knapp die Bedeutung der Daten-kommunikation dar und zeigt den Aufbau des Buches.

Abschließend erläutert es den grundlegenden Ablauf der Kommunikation und seine Darstellung im Schichtmodell.

1.1 Aktueller Kontext der Netzwerktechnik

Im privaten Bereich tritt die Netzwerktechnik hinter ihre An-wendungen zurück. Internet, Facebook, E-Mail, WhatsApp, Streaming-Dienste, ... treiben als Nutzenstifter den Auf- und Ausbau der Netze voran.

Im industriellen Umfeld wird Netzwerktechnik meist noch als reines IT-Thema gesehen. Finanzdaten, Bestelldaten und in ge-ringerem Umfang auch Maschinendaten werden zwischen Pla-nungssystemen ausgetauscht. In diesem Kontext sind Sicherheit und Verfügbarkeit der Netze von großer Bedeutung.

In der Produktion gibt es wenig Anwendungen, die eine Ver-netzung benötigen. Zwar sind heute einzelne Teilkomponenten einer Anlage über Feldbussysteme vernetzt, doch für eine Ver-bindung dieser Systeme mit der Unternehmens-IT fehlen Anwen-dungen.

© Springer Fachmedien Wiesbaden GmbH, ein Teil von Springer Nature 2019   1
V. Plenk, *Angewandte Netzwerktechnik kompakt*, IT kompakt,
https://doi.org/10.1007/978-3-658-24523-8_1

Das soll sich im Kontext von „Industrie 4.0" ändern. Bestellungen sollen automatisiert übertragen, Liefertermine bei Produktionsstörungen in Echtzeit aktualisiert, Produktionsprozesse bis hin zur Losgröße 1 flexibilisiert werden. Diese Anforderungen können nur auf einer soliden Datenbasis, die aus der Produktion – der eigenen ebenso wie der der Lieferanten – möglichst in Echtzeit geliefert wird, erfüllt werden. Damit gewinnt die Übertragung von Information aus der Ebene der Automatisierung bzw. der Produktion in die Ebene der Informationstechnik (IT) immer mehr an Bedeutung.

1.2   Aufbau des Buches

In diesem Buch werden im Sinne einer *angewandten* Netzwerktechnik besonders die höheren Schichten der Netzwerktechnik behandelt. Die einzelnen Kapitel stellen jeweils ein Thema vor und vertiefen es – soweit angebracht – am Beispiel eines Java-Programms.

In Kap. 2 werden das Thema Informationsdarstellung/Codierung und die Java-Stream-Klassen dargestellt. Diese Themen bilden den Kontext für die weiteren Kapitel und definieren die wichtigsten Begriffe.

Kap. 3 stellt Dateiformate im Allgemeinen vor und erklärt JSON als ein erstes, bedeutendes Format. HTML als weiteres, wichtiges Format wird in Kap. 4 dargestellt.

Für den Austausch der im Dateiformat beschriebenen Daten sind Protokolle nötig, die in den Kap. 5 bis 8 dargestellt werden. Die einzelnen Protokolle bauen teilweise aufeinander auf und werden von hohem zu niedrigem Abstraktionsgrad dargestellt: Kap. 5, HTTP, und Kap. 6, OPC UA, behandeln komplexe Protokolle, bei denen üblicherweise nur der Client implementiert wird, der sich mit einem Standardserver verbindet. TCP/IP, Kap. 7, und UDP/IP, Kap. 8, sind universelle Protokolle, bei denen im Allgemeinen „beide Seiten", also Client und Server, implementiert werden. Kap. 9 stellt die zunehmend an Bedeutung gewinnenden Web Services dar. Dabei wird neben den populären

REST und SOAP Services auch ein kompletter Eigenbau vorgestellt.

Kap. 10 geht kurz auf weiterführende Themen ein, die im Buch
nicht ausführlich behandelt werden.

Am Ende ausgewählter Kapitel stehen Übungsaufgaben, Lösungsvorschläge dazu finden sich in Anhang A.

Auf der Internetseite http://angewnwt.hof-university.de/ finden
sich die Quellcodes zu den Beispielen aus dem Buch, sowie die
Datendateien, Wireshark-Mitschnitte und weiteres Zusatzmateri-
al.

1.3   Grundlagen der Kommunikation

Die Netzwerktechnik behandelt die Kommunikation zwischen
Maschinen bzw. Rechnern. Diese Kommunikation findet zwischen mindestens zwei Partnern statt. Dazu müssen die Partner
eine Verbindung aufbauen und danach Daten übertragen.

Eine populäre Anwendung für die Kommunikation mit meh-
reren Partnern ist beispielsweise das Live-Streamen eines Videos.
Moderne Verfahren nehmen hierbei aber in Kauf, dass nicht alle
Empfänger alle Daten erhalten.

1.3.1   Zeitlicher Ablauf der Kommunikation

Für Menschen ist der Ablauf der Kommunikation so klar, dass
es ihnen oft schwerfällt, die vielen, ohne weiteres Nachdenken
durchgeführten Schritte auf die Kommunikation zwischen Maschinen zu übertragen. Wir wollen uns deswegen im Folgenden
am Beispiel eines Telefongesprächs die grundlegenden Mecha-
nismen veranschaulichen.

1. Die beiden Teilnehmer, die kommunizieren wollen, arbeiten
   zunächst nicht synchron. Jeder von ihnen erledigt eine andere
   Aufgabe.
   Einer der beiden Teilnehmer ist aber bereit, Anrufe anzunehmen. Programmtechnisch wird das anders realisiert als im ech-

ten Leben: Der Teilnehmer – für den Programmierer ist das der
Server – wartet auf einen Anruf und tut sonst nichts.
Der zweite Teilnehmer ergreift irgendwann die Initiative und
ruft den ersten Teilnehmer an. Programmtechnisch wird das
genauso realisiert: Der zweite Teilnehmer – für den Programmierer ist das der Client – kommt in seinem Programmablauf
zu dem Punkt, an dem er Daten übertragen oder empfangen
will, und baut eine Verbindung zum ersten Teilnehmer auf.

2. Jetzt werden beide Teilnehmer synchronisiert: Der zweite wartet darauf, dass der erste abhebt. Der erste unterbricht seine
Tätigkeit bzw. sein Warten und nimmt das Gespräch an. Sobald er das Gespräch angenommen hat, sind aus Netzwerk-
sicht beide Teilnehmer verbunden und können mit der eigentlichen Kommunikation beginnen.

   Bis hierher war es nötig, dass der zweite Teilnehmer eine
„Adresse" des ersten Teilnehmers hatte und der erste Teilnehmer unter dieser „Adresse" auf einen Anruf gewartet hat.

3. Für die eigentliche Kommunikation ist es nun nötig, dass beide Teilnehmer dieselbe Sprache sprechen und sicherstellen,
dass der jeweils hörende Teilnehmer auch in der Lage ist, die
Botschaft des Sprechenden aufzunehmen. Damit könnte sich
ein einfacher Dialog ergeben:

   a. Teilnehmer 1: „Hier spricht die Auskunft. Was kann ich für
   Sie tun?"
   b. Teilnehmer 2: „Hier ist der Franz."
   c. Teilnehmer 2: „Geben Sie mir bitte die Telefonnummer
   von Rosi!"
   d. Teilnehmer 1: „32 16 8"
   e. Teilnehmer 2: „32 16 und wie bitte?"
   f. Teilnehmer 1: „32 16 8"
   g. Teilnehmer 2: „Danke! Auf Wiederhören."

   Technisch werden diese Aspekte in einem Kommunikationsprotokoll festgelegt. Mehr dazu in Abschn. 1.3.2.

4. Danach wird die Verbindung abgebaut, indem einer der beiden
Teilnehmer auflegt. Der andere Teilnehmer erkennt, dass die
Verbindung abgebaut wurde.

1.3.2 Das Prinzip eines Kommunikationsprotokolls

Im Beispiel aus Abschn. 1.3.1 verstecken sich viele Aspekte, die in einem Kommunikationsprotokoll geregelt werden.

Punkt 3a signalisiert den erfolgreichen Verbindungsaufbau und identifiziert Teilnehmer 1. Bei der Programmierung ist klar, dass die Verbindung steht, wenn das Abheben erkannt wurde. Dieser Schritt muss also nicht extra spezifiziert werden.

Punkt 3b identifiziert den Anrufer. Dies stellt eine einfache Authentifizierung dar. Auf dieser Basis könnten nicht berechtigte Teilnehmer abgewiesen werden.

Punkt 3c stellt eine Anfrage dar. In einem Kommunikations-protokoll muss festgelegt werden, welche Anfragen zulässig sind und wie signalisiert wird, welche Anfrage gerade gestellt wird. Die Anfrage kann beispielsweise durch eine Zahl codiert werden: 0 – Nummer, 1 – Adresse, ... „Rosi" ist ein Attribut der Anfrage und stellt klar, worauf sich diese bezieht. Auch hierfür muss das Protokoll festlegen, wie das Attribut übertragen wird (Zeichen-kette, maximale Länge, ...).

Punkt 3d stellt die Antwort dar. Hierfür muss im Protokoll wieder festgelegt werden, welche Antworten bei welcher Anfrage möglich sind und wie sie codiert werden.

Die Punkte 3e und 3f stellen eine Fehlerbehandlung dar. Teil-nehmer 2 hat offenbar erkannt, dass die Nummer nicht vollständig angekommen ist und fragt nochmal nach. Für diese Funktionali-tät ist es nötig, dass die Teilnehmer fehlerhafte Übertragungen erkennen können, indem beispielsweise Prüfdaten mit übertragen werden.

Teilnehmer 1 überträgt daraufhin in 3f die Antwort ganz oder teilweise nochmal.

Punkt 3g signalisiert das Ende der Kommunikation. Da das Auflegen ebenfalls das Ende der Verbindung signalisiert, ist es programmtechnisch nicht zwingend nötig, eine (höfliche) Been-digungsnachricht zu senden.

Neben den bisher beschriebenen logischen Aspekten muss ein Kommunikationsprotokoll noch viele weitere technische Aspekte behandeln.

Sehr wichtig ist die Festlegung, welche Daten in welcher Reihenfolge übertragen werden. In unserem Beispiel gibt es den Namen eines Teilnehmers und die Telefonnummer eines Teilnehmers. Wir sprechen hier von Attributen einer Teilnehmerinstanz.

Auch die Codierung der Nachrichten muss definiert werden, z. B. welches Symbol für die Ziffer ‚3' übertragen wird.

Weiterhin muss festgelegt werden, wie viel Information für ein Datum übertragen wird. Weder beim Attribut Name, im Beispiel mit dem Wert „Rosi", noch beim Attribut Telefonnummer, im Beispiel „32 16 8", kann von einer festen Länge ausgegangen werden. In solchen Fällen muss entweder vor dem Attribut die Länge des Attributes übertragen werden oder einzelne Attribute durch Trennzeichen wie Kommata, Semikola oder Zeilenvorschübe getrennt werden, damit die Gegenstelle die einzelnen Attribute im Datenstrom trennen kann.

1.4   Schichtmodelle

Die in Abschn. 1.3.2 angesprochenen Aspekte finden sich in jeder Anwendung, sind aber nur teilweise anwendungsspezifisch. Der reine Datentransport ist beispielsweise unabhängig von der Art der transportierten Daten, so dass ein und derselbe Transportmechanismus in verschiedenen Anwendungen verwendet werden kann.

Dieser Gedanke führt zu den in der Netzwerktechnik üblichen Schichtmodellen. Die einzelnen Aspekte werden auf verschiedene abstrakte Schichten abgebildet. Dabei kümmert sich jede Schicht nur um ihre Aufgabe, beispielsweise um die Übertragung eines Datenpakets und das Erkennen von Übertragungsfehlern.

Dazu ein Beispiel: Ein Firmenchef will einem anderen zum Geburtstag gratulieren. Er schreibt also „Alles Gute" auf eine Karte und gibt sie mit dem Hinweis „für meinen guten Freund Franz" seiner Sekretärin. Die steckt die Karte in einen Umschlag und ergänzt die korrekte Adresse. Der Umschlag kommt dann in die Poststelle und von dort zusammen mit allen gesammelten Sendungen zur Post. Diese befördert (unter anderem) den Umschlag ans Ziel. Die Poststelle dort bringt sie zur Chefsekretärin. Diese öffnet den Umschlag und gibt die eigentliche Karte an ihren Chef weiter.

In diesem Beispiel findet der echte Informationstransport von Schicht zu Schicht statt und nimmt einen langen Weg. Logisch gesehen kommunizieren aber die Schichten jeweils direkt miteinander: Chef zu Chef, Sekretärin zu Sekretärin, Poststelle mit Poststelle. So kann sich jede Schicht auf ihre eigene Aufgabe konzentrieren, der Chef aufs Netzwerken, die Sekretärin aufs Adresse-Raussuchen und die Poststelle auf den Transport des Umschlags.

Der zentrale Vorteil dieser Abstraktion liegt darin, dass die Schichten einzeln ausgetauscht werden können. Für den Chef spielt es keine Rolle, ob die Karte per Post oder per Fax versandt wird.

1.4.1   TCP/IP

Abb. 1.1 zeigt die Schichten des TCP/IP-Protokolls.

Die *Netzzugangsschicht* umfasst die eigentliche Datenübertragung innerhalb eines Netzwerksegmentes. Diese Schicht kann Datenpakte zwischen Hardwareadressen (MAC-Adressen) übertragen. Dabei werden Aspekte wie der Teilnehmerzugriff, also die Frage, welcher Teilnehmer wann senden darf, oder das Erkennen von Übertragungsfehlern behandelt. Zusätzlich beschreibt diese Schicht die elektrischen Eigenschaften der Verbindung (Stecker, Kabel, Pegel, Funkfrequenzen, Modulationsverfahren, ...).

Auf dieser Schicht baut die *Netzwerkschicht* auf. Sie bietet scheinbar ähnliche Funktionalität. Auch hier werden Datenpakete übertragen. Allerdings werden dabei IP-Adressen verwendet und die Datenpakte bei Bedarf von einem Netzwerk in ein anderes geroutet. Durch das Routing ist eine weltweite Übertragung möglich.

Die *Transportschicht* erweitert die Paketübertragung um feste Verbindungen zwischen zwei Teilnehmern. Damit übernimmt sie Aufgaben wie beispielsweise die erneute Übertragung verlorengegangener Pakete.

Die *Anwendungsschicht* erweitert die Datenübertragung um Datenstrukturen. Während die darunterliegenden Schichten ein-

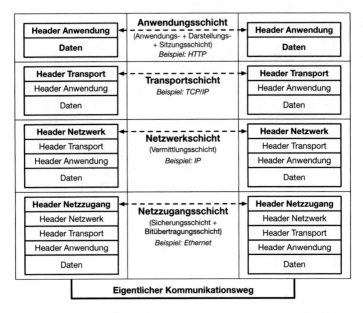

Abb. 1.1 Das TCP/IP-Schichtmodell

fach Bytes oder Bytestreams übertragen, ohne sich um deren Bedeutung zu kümmern, kann diese Schicht strukturierte Daten, wie beispielsweise den Namen und die dazugehörige Telefonnummer übertragen.

Netzwerkanwendungen implementieren meist eine eigene Anwendungsschicht und setzen damit auf der Transportschicht auf. Damit sind sie unabhängig von den tieferen Schichten, so dass beispielsweise in der Netzzugangsschicht die unterschiedlichsten physikalischen Netze eingesetzt werden können, ohne in die Anwendungen eingreifen zu müssen: 100Mbit-Kabel, WLAN, Glasfaserleitungen, PPP usw.

1.4.2 Java

Die Standard-Java-Bibliotheken können auch als Schichtmodell betrachtet werden.

Für den Datenaustausch zwischen zwei Rechnern kann der erste Rechner beispielsweise eine Datei schreiben, die mit einem Datenträger, z. B. einem USB-Stick, zum zweiten Rechner transportiert und von diesem eingelesen wird. Der tatsächliche Datentransport erfolgt hierbei über das „Sneaker-Net" (Turnschuhnetzwerk, eine Anspielung auf die Schuhe des Menschen, der die Daten auf dem Stick von Hand transportiert).

Aus Programmierersicht müssen die Daten dazu in ein Dateiformat gebracht und der entstehende Bytestream in eine Datei geschrieben werden. Das entspricht dem Transportweg in Abb. 1.2 oben: Die Daten werden zunächst über einen DataOutputStream, eine Klasse aus den Standard-Java-Bibliotheken, die einfache Datentypen in eine Reihe von Bytes konvertieren kann, in einen Bytestrom umgewandelt, der dann über einen FileOutputStream in eine Datei geschrieben wird.

Statt selbstdefinierter Byteströme können auch standardisierte Dateiformate verwendet werden. Damit wird das schreibende Programm unabhängig vom lesenden Programm. Klassen dafür finden sich nicht mehr in den Standard-Java-Bibliotheken. Entsprechende Zusatzbibliotheken können aber problemlos im Internet gefunden werden. Die hellgrauen Kästchen links und rechts in Abb. 1.2 deuten an, wie diese Klassen wiederum Daten in Byteströme umwandeln.

Die Standard-Java-Bibliotheken kapseln die Netzwerkkommunikation über TCP/IP als SocketOutputStream. Damit kann die oben beschriebene Funktionalität auch bei Netzwerkverbindungen angewandt werden. Das „Sneaker-Net" wird durch das Internet ersetzt.

Für das Herstellen der Netzwerkverbindung zwischen dem sendenden SocketOutputStream und dem empfangenden Socket InputStream kann entweder der Programmierer sorgen, indem er die Anwendungen auf beiden Seiten der Schnittstelle synchronisiert. Alternativ kann er Zusatzbibliotheken einsetzen, die diese Synchronisation über ein Standardprotokoll wie HTTP durchführen und der Anwendung als Ergebnis die Streams für das Lesen und Schreiben der Daten zur Verfügung stellen.

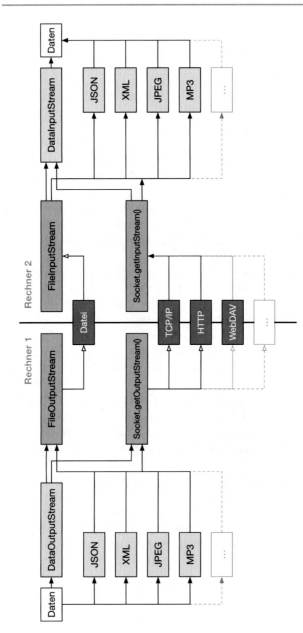

Abb. 1.2 Schichten beim Datenaustausch mit Java

Grundlagen

2

Zusammenfassung

Dieses Kapitel stellt anhand eines Beispiels dar, wie Datenstrukturen im Speicher gehalten werden und wie sie mit den
Java-Stream-Klassen in eine Datei geschrieben bzw. aus einer
Datei gelesen werden können. Dabei werden binäre Streams
und Text-Streams unterschieden. Auch die Zeichencodierung
in Text-Streams wird behandelt.

2.1 Beispiel Studentenverwaltung – Datenmodell

Zur Einführung ins Thema soll eine einfache Studentenverwaltung betrachtet werden. Es gibt eine Menge von Studenten, die
durch Name und Matrikelnummer beschrieben werden. Jeder Student hat eine Reihe von Studienleistungen erbracht, die durch
Modulname und Note beschrieben werden. Es handelt sich wie
in Abb. 2.1 gezeigt um zwei Datenfelder: eine Liste der Studenten, bei denen an jedem Eintrag eine Liste der Studienleistungen
hängt.

© Springer Fachmedien Wiesbaden GmbH, ein Teil von Springer Nature 2019   11
V. Plenk, *Angewandte Netzwerktechnik kompakt*, IT kompakt,
https://doi.org/10.1007/978-3-658-24523-8_2

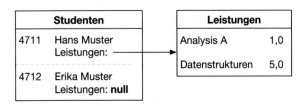

Abb. 2.1 Datenmodell der Studentenverwaltung

   Eine Studienleistung könnte in Java durch die folgende Klasse beschrieben werden:

```java
public class Leistung {
  String modul;
  double note;
}
```

Ein einzelner Student würde durch ein Feld mit Leistungen und seine Daten beschrieben:

```java
public class Student {
  int matrikelNummer;
  String name;
  Leistung[] leistungen;
}
```

Alle Studenten würden dann in einem Array zusammengefasst:

```java
Student[] studenten;
```

   Mit diesen Codezeilen werden die Strukturen im Speicher gehalten und können verarbeitet werden.

   Für die Felder `leistungen` und `studenten` haben wir der Einfachheit halber Arrays gewählt. Fortgeschrittene Java-Programmierer würden diese als Listen, wie eine `ArrayList<>`, implementieren.

Umgang mit der Datenstruktur Die Methode `Student[] fuelleMitUnsinn(int Zahl)` in Listing 2.1 zeigt beispielhaft den Umgang mit der Datenstruktur:

Zunächst wird ein Array in der nötigen Größe erzeugt.

Die äußere Schleife (Index i) läuft sodann über dieses Array und erzeugt eine Instanz der Klasse Student und befüllt deren Felder name, matrikelNummer per Zufallsgenerator (Math.random()). Die Zahl der Studienleistungen wird ebenfalls per Zufallsgenerator gewählt. Die entsprechenden Instanzen werden in der inneren Schleife (Index j) erzeugt.

Am Ende der Methode wird der Array der Instanzen von Student zurückgegeben. Die Leistungen „hängen" dabei als zweite Dimension an jedem Studenten.

boolean sindArraysGleich(Student[] a, Student[] b), die zweite Methode in dieser Klasse, vergleicht zwei Arrays und gibt true zurück, wenn die beiden Strukturen identisch sind.

Listing 2.1 Hilfsklassen zum Umgang mit der Datenstruktur

```
public class Speicher {
  // Array, das die Studenten speichert
  // Kniff: Der Inhalt des Speichers existiert nur einmal
    , da static
  private static final Student[] studenten;

  // Kniff: Der Inhalt des Speichers wird durch diese
      Methode beim ersten Zugriff erzeugt
  static
  {
    // Datensaetze erzeugen
    studenten = Speicher.fuelleMitUnsinn(100);
  }

  // Methoden fuer den Zugriff auf die gespeicherten
      Daten
  public static Student[] getStudenten()
  {
    return studenten;
  }

  public static Student getSucheMatrikelNummerZuName(
      String name)
  {
    for(Student s : studenten)
```

```java
    {
      if(s.name.equals(name))
      {
        return s;
      }
    }
    return null;
  }


  public static Student getStudentenInfoZuMatrikelNummer(
      int matrikelNummer)
  {
    for(Student s : studenten)
    {
      if(s.matrikelNummer == matrikelNummer)
      {
        return s;
      }
    }
    return null;
  }


  // Utility-Methoden
  public static Student[] fuelleMitUnsinn(int Zahl)
  {
    // Hilfsvariablen zum Erzeugen von Datensaetzen
      final String [] vornamen = { "Mia","Ben","Emma","
          Jonas","Hannah","Leon","Sofia","Finn","Anna","
          Elias"};
      final String [] nachnamen = {"Bauer","Becker","
          Fischer","Fuchs","Hartmann","Lang", "Jung","
          Hofmann","Huber"};
      final String [] module = {"Analysis_A","Lineare_
          Algebra_A","Analysis_B","Lineare_Algebra_B","
          Numerik_A",
        "Stochastik_A","Stochastik_B","Numerik_partieller
            _Differentialgleichungen_1","Numerik_
            partieller_Differentialgleichungen_2",
        "Baumechanik_I_(Statik_starrer_Koerper)","
            Baumechanik_II_(Elastomechanik)","Baumechanik
            _III_(Kinematik_und_Kinetik)",
```

```
      "Kontinuumsmechanik_I","Modellbildung_im_
          Ingenieurwesen","Numerische_Mechanik","
          Festkoerpermechanik","Finite_Elemente_II",
      "Grundlagen_der_Elektrotechnik","Umweltbiologie_
          und_-chemie","Stroemungsmechanik","
          Thermodynamik_im_Ueberblick",
      "Datenstrukturen,_Algorithmen_und_Programmierung"
          ,"Datenbanksysteme_im_Ingenieurwesen","
          Graphen_und_Netze","Baustoffkunde_I",
      "Baustoffkunde_II","Ausgleichungsrechnung_und_
          Statistik_I","Ausgleichungsrechnung_und_
          Statistik_II",
  "Projekte_des_Ingenieurwesens" };

Student[] unsinn = new Student[Zahl];

for(int i=0; i < Zahl; i++) {
  unsinn[i]=new Student();
  int vn_indx = (int)(Math.random()*vornamen.length);
  int nn_indx = (int)(Math.random()*nachnamen.length)
      ;
  unsinn[i].name = vornamen[vn_indx] + "_" +
      nachnamen[nn_indx];
  unsinn[i].matrikelNummer = vn_indx * 100 + nn_indx
      + i * 10000;
  int notenZahl = (int)(Math.random()*8);
  if(notenZahl >= 1) {
    unsinn[i].leistungen = new Leistung[notenZahl];
    for(int j=0; j < notenZahl; j++) {
      int mod_indx = (int)(Math.random()*module.
          length);
      unsinn[i].leistungen[j] = new Leistung();
      unsinn[i].leistungen[j].modul = module[mod_indx
          ];
      unsinn[i].leistungen[j].note = (int)(Math.
          random()*5) + 1;
    }
  }
  else
    unsinn[i].leistungen = null;
}
return unsinn;
}
```

```java
public static boolean sindArraysGleich(Student[] a,
    Student[] b) {
  boolean istUnGleich = false;
  if(a.length == b.length)
  {
    for(int i=0; i < a.length; i++) {
      istUnGleich |= a[i].matrikelNummer != b[i].
          matrikelNummer;
      istUnGleich |= !(a[i].name.equals(b[i].name));
      if(a[i].leistungen != null) {
        for(int j=0; j < a[i].leistungen.length; j++) {
          istUnGleich |= !(a[i].leistungen[j].modul.
              equals(b[i].leistungen[j].modul)) ;
          istUnGleich |= a[i].leistungen[j].note != b[i
              ].leistungen[j].note ;
        }
      }
      if(istUnGleich)
        System.out.println("Ungleich a="+ a + "| b=" +
            b);
    }
  }
  else
    istUnGleich = true;

  return !istUnGleich;
  }
}
```

2.2   Java-Streams

Für eine persistente Speicherung müssen die Strukturen in eine Datei geschrieben werden. Der Programmierer betrachtet eine Datei als logische Folge einzelner Datensätze. Für das System bzw. für den Compiler ist es aber unmöglich, die Vielfalt der möglichen Programmentwürfe beim Entwurf der Bibliotheken für den Dateizugriff vorherzusehen. Deswegen werden Dateien auf unterster Ebene als Folge einzelner Bytes betrachtet. Das System kümmert sich darum, diese Bytefolgen beim Schreiben abzule-

gen und beim Lesen wieder bereitzustellen. Die Interpretation der
Bytefolgen ist Aufgabe des Programmierers.

Java kapselt die Systemfunktionen in den Stream-Klassen. Dabei wird zwischen binären und Text-Streams unterschieden. Beide Stream-Klassen greifen auf die primitiven Byte-Streams `File`
`OutputStream` und `FileInputStream` zu.

Binär bedeutet, dass die Daten in einer vom Programmierer bzw. dem Compiler festgelegten Form codiert werden. Eine
Integer-Zahl wird in Java beispielsweise durch 4 Bytes codiert,
die die Zahl im Zweierkomplement repräsentieren.

Text-Streams beruhen auf einer Zeichencodierung und einigen
Steuerzeichen, die beispielsweise das Ende einer Zeile angeben.
Um eine Integer-Zahl in eine Textdatei zu schreiben, muss die
Zahl aus der internen Zweierkomplementdarstellung in eine Zei-
chenkette umgewandelt werden.

Ein Beispiel: Aus der (binären) internen Darstellung `0x00000010`
wird die Zeichenkette `"16"`.

2.2.1 Binäre Streams

Für binäre Streams stellt Java mit den Klassen `DataOutputStream`
und `DataInputStream` Methoden zum Lesen und Schreiben einfacher Datentypen zur Verfügung (Tab. 2.1).

Java unterstützt mit den Klassen `ObjectOutputStream` und
`ObjectInputStream` auch komfortablere/mächtigere Ansätze zum
Laden und Speichern ganzer Objektinstanzen. Diese Ansätze
werden hier nicht behandelt.

Allerdings ist die Codierung der Daten dabei abhängig von
der verwendeten Bibliothek. Solange die Daten nur zwischen
Java- und Java-Applikationen, die möglichst noch mit derselben
Java-Version erstellt wurden, ausgetauscht werden sollen, kann
der Programmierer davon ausgehen, dass die beiden Applikationen dieselbe Codierung verwenden. Bei Applikationen, die mit
unterschiedlichen Programmiersprachen entwickelt wurden und
die auf unterschiedlichen Plattformen (z. B. Linux-Server mit
Windows-Client) laufen, muss die Codierung genau spezifiziert

Tab. 2.1 Ausgewählte Methoden der Klassen `DataOutputStream` und `DataInputStream`

DataOutputStream	DataInputStream
int readInt()	**void** writeInt(int)
byte readByte()	**void** writeByte(int)
double readDouble()	**void** writeDouble(**double**)
float readFloat()	**void** writeFloat(**float**)
boolean readBoolean()	**void** writeBoolean(**boolean**)
char readChar()	**void** writeChar(int)
String readUTF()	**void** writeUTF(String)

werden. Beispiele für derartige Spezifikationen finden sich in den Kap. 3 und 4.

2.2.2 Beispiel Studentenverwaltung – Binäres Schreiben

Wir wollen nun die Studentendaten aus dem Beispiel in Abschn. 2.1 in eine Datei schreiben.

Dazu erzeugen wir zunächst einen `DataOutputStream`, der in einen `FileOutputStream` schreibt.

```
FileOutputStream fos = new FileOutputStream(dateiName);
DataOutputStream dos = new DataOutputStream(fos);
```

Als erstes schreiben wir die Zahl der Elemente des Arrays `studenten` in die Datei, damit wir beim Lesen wissen, wie viele Datensätze in der Datei enthalten sind.

```
dos.writeInt(studenten.length);
```

Dann schreiben wir in einer Schleife über alle Elemente des Arrays die einzelnen Felder der Klasse `Student`.

```
for(int i=0; i < studenten.length; i++) {
    dos.writeInt(studenten[i].matrikelNummer);
    dos.writeUTF(studenten[i].name);
    // Hat der Student schon Leistungen erbracht?
    if(studenten[i].leistungen != null) {
```

```
// JA, Zahl der Leistungen und Leistungen
    speichern
dos.writeInt(studenten[i].leistungen.length);
for(int j=0; j < studenten[i].leistungen.length
    ; j++) {
  dos.writeUTF(studenten[i].leistungen[j].modul
    );
  dos.writeDouble(studenten[i].leistungen[j].
    note);
  }
}
else
  // NEIN, 0 abspeichern
  dos.writeInt(0);
}
```

Beim Abspeichern der Leistungen eines Studenten müssen wir
den Fall, dass Leistungen vorhanden sind, `studenten[i].`
`leistungen != null`, von dem Fall, dass keine Leistungen vorhanden sind, unterscheiden. Im ersten Fall schreiben wir in einer
zweiten Schleife die einzelnen Leistungen in die Datei. Im zweiten Fall nur die Zahl `0`.

Abb. 2.2 zeigt die ersten Bytes der resultierenden Datei im he-
xadezimalen Code an. Die ersten vier Bytes stellen die Zahl der
Datensätze dar. `00 00 00 64` entspricht der Zahl `0x64`, also 100
dezimal. Die nächsten vier Bytes codieren die Matrikelnummer.
Die beiden nächsten Bytes codieren die Länge der Zeichenkette
`name`. Die nächsten Bytes stellen die Zeichen der Zeichenkette im
UTF8-Code dar.

```
0000000 00 00 00 64 00 00 02 c0 00 0d 46 69 6e 6e 20 48
0000010 61 72 74 6d 61 6e 6e 00 00 00 01 00 11 4c 69 6e
0000020 65 61 72 65 20 41 6c 67 65 62 72 61 20 41 40 10
0000030 00 00 00 00 00 00 00 00 01 95 00 0b 48 61 6e 6e
```

Abb. 2.2 Hexcodes der ersten Bytes in der Binärdatei aus Abschn. 2.2.2

2.2.3 Beispiel Studentenverwaltung – Verwaltungsklasse

Listing 2.2 zeigt den Code der Verwaltungsklasse: Zunächst wird eine Menge Studenten erzeugt. Der Datensatz wird dann geschrieben und nach kurzer Pause wieder gelesen. Abschließend vergleicht die Klasse den gelesenen mit dem geschriebenen Datensatz.

Listing 2.2 Verwaltungsklasse

```java
import java.io.IOException;

public class Verwaltung {
  public static void main(String[] args) throws
      IOException, InterruptedException {
    // Studenten aus dem Speicher abfragen
    Student[] studenten = Speicher.getStudenten();

    // Dateihandlerinstanz erzeugen
    LesenSchreiben leseSchreibe = new
    //    BinaerIO("BinaerDatei");
        TextIO("Textdatei");

    // Datei schreiben
    leseSchreibe.schreibeDatei(studenten);
    System.out.println("Array_geschrieben");

    // Kurze Wartezeit, simuliert Verarbeitung
    Thread.sleep(1000);

    // Datei lesen
    Student[] zurueckGelesen = leseSchreibe.leseDatei();
    System.out.println("Array_gelesen");

    // Vergleichen
    if(Speicher.sindArraysGleich(studenten,
        zurueckGelesen))
      System.out.println("Arrays_sind_gleich");
    else
      System.out.println("Arrays_sind_ungleich");
  }
}
```

Objektorientierte Kapselung der Funktionalität Es ist klar absehbar, dass wir verschiedene Ansätze zum Lesen und Schreiben der Daten ausprobieren werden. Damit wir dazu möglichst wenig Änderungen in der Verwaltungsklasse vornehmen müssen, kapseln wir diese Funktionalität im `interface` LesenSchreiben (Listing 2.3).

Listing 2.3 Interface für Ein- und Ausgabe

```
import java.io.IOException;

// Interface, das das Lesen und Schreiben der Datensaetze
     kapselt
// Dateinamen/Netzwerkadressen werden im Konstruktur der
     Klasse behandelt,
// die instantiiert wird.
public interface LesenSchreiben {
   void schreibeDatei(Student[] studenten) throws
       IOException;
     Student [] leseDatei()  throws IOException;
}
```

Dadurch wird die Verwaltungsklasse unabhängig von der Implementierung des Lesens und Schreibens. Die Zeile

```
LesenSchreiben leseSchreibe = new
     BinaerIO("BinaerDatei");
```

erzeugt eine Instanz der Klasse `BinaerIO`, die viel Funktionalität haben kann (die wir in der Verwaltungsklasse nicht nutzen werden) und dabei auch die Funktionalität des Interface bereitstellt. Im Folgenden kann die Verwaltungsklasse dann die gewünschte Funktionalität aus dem Interface verwenden. Listing 2.4 zeigt den Code dieser Klasse.

Listing 2.4 Klasse für binäre Ein- und Ausgabe

```
import java.io.DataInputStream;
import java.io.DataOutputStream;
import java.io.FileInputStream;
import java.io.FileOutputStream;
import java.io.IOException;
```

```java
public class BinaerIO implements LesenSchreiben {

  String dateiName;

  BinaerIO(String dateiName)
  {
    this.dateiName = dateiName;
  }

  @Override
  public void schreibeDatei(Student[] studenten) throws
      IOException {
    FileOutputStream fos = new FileOutputStream(dateiName
        );
    DataOutputStream dos = new DataOutputStream(fos);

    if(studenten != null) {
      dos.writeInt(studenten.length);
      for(int i=0; i < studenten.length; i++) {
        dos.writeInt(studenten[i].matrikelNummer);
        dos.writeUTF(studenten[i].name);
        if(studenten[i].leistungen != null) {
          dos.writeInt(studenten[i].leistungen.length);

          for(int j=0; j < studenten[i].leistungen.length
              ; j++) {
            dos.writeUTF(studenten[i].leistungen[j].modul
                );
            dos.writeDouble(studenten[i].leistungen[j].
                note);
          }
        }
        else
          dos.writeInt(0);
      }
    }
    else
      dos.writeInt(0);
    dos.close();
    fos.close();
  }
```

```java
@Override
public Student[] leseDatei() throws IOException {
  Student[] geleseneStudenten;

  FileInputStream fis = new FileInputStream(dateiName);
  DataInputStream dis = new DataInputStream(fis);

  int studCnt = dis.readInt();
  if(studCnt != 0)
  {
    geleseneStudenten = new Student[studCnt];
    for(int i=0; i < studCnt; i++) {
      geleseneStudenten[i] = new Student();
      geleseneStudenten[i].matrikelNummer = dis.readInt
          ();
      geleseneStudenten[i].name = dis.readUTF();
      int leistCnt = dis.readInt();

      if(leistCnt != 0) {
        geleseneStudenten[i].leistungen = new Leistung[
            leistCnt];
        for(int j=0; j < leistCnt; j++) {
          geleseneStudenten[i].leistungen[j] = new
              Leistung();
          geleseneStudenten[i].leistungen[j].modul =
              dis.readUTF();
          geleseneStudenten[i].leistungen[j].note = dis
              .readDouble();
        }
      }
      else
        geleseneStudenten[i].leistungen = null;
    }
  }
  else
    geleseneStudenten = null;

  dis.close();
  fis.close();
  return geleseneStudenten;
}

}
```

2.2.4 Text-Streams

Text-Streams bestehen aus einzelnen Zeichen, beispielsweise 'H', 'a', 'l', 'l', 'o'. Einzelne Zeichen werden in Variablen vom Typ `char` gespeichert. Der Typ speichert einen Zeichencode, also eine Zahl. Welches Zeichen zu dieser Zahl gehört, wird in einer Codetabelle festgelegt. Diese Codierung wird in Abschn. 2.3 näher beschrieben.

Neben den druckbaren Zeichen enthalten Text-Streams strukturierende Steuerzeichen wie beispielsweise das Zeilenende. In Java wird das Zeilenende als `"\n"` abgekürzt. Je nach System entspricht das dem Zeichen `0x0a` (Linux) oder den zwei Zeichen `0x0d` `0x0a` (Windows). Manche Systeme schreiben auch nur `0x0d`.

Um nun Daten in eine Textdatei zu schreiben, müssen diese in eine Folge von Textzeichen umgewandelt werden. Die Umwandlung zwischen binärer und textueller Darstellung und umgekehrt muss der Programmierer im Allgemeinen selbst vornehmen.

Ein Beispiel: Aus der (binären) internen Darstellung `0x00000010` wird die Zeichenkette `"16"`. Diese Zeichenkette besteht aus den beiden Zeichen '1' und '6'.

Java verwendet für die Zeichencodierung im Speicher den Code UTF-16. Das Zeichen `1` entspricht dem Unicode Codepunkt `U+0031` und wird in UTF-16 dargestellt als `0x0031`. Einzelne Codepunkte in Zeichenketten können in Java als Escapesequenz angegeben werden. Beispiel: `"\u0031"`. Das ist mit den Escapesequenzen für neue Zeile `"\n"` o. ä. vergleichbar.

Für das Lesen von Textdateien oder Text-Streams ist es also nötig, die einzelnen Bytes nacheinander zu lesen und als Steuerzeichen bzw. Bytefolgen, die ein Zeichen codieren, zu interpretieren. Bei einer sparsamen Codierung wie UTF-8, die mal ein Byte und mal mehrere Bytes verwendet, um ein Zeichen zu codieren, ist das durchaus aufwendig. Beim Schreiben stellt sich dieselbe Frage, nur in der anderen Richtung. Java stellt hierfür Klassen bereit, denen im Konstruktor der gewünschte Zeichensatz (siehe auch Tab. 2.2) übergeben werden muss:

```
InputStreamReader(InputStream in, String charsetName)
OutputStreamWriter(OutputStream out, String charsetName)
```

Tab. 2.2 Übersicht üblicher Zeichensatznamen

charsetName	Bemerkung
UTF8	UTF-8, siehe auch http://www.fileformat.info/info/charset/UTF-8/list.htm
UTF16	UTF-16, siehe auch http://www.fileformat.info/info/charset/UTF-16BE/list.htm
ISO8859_1	Auch ISO-Latin-1, Standard für die Informationstechnik, siehe auch http://www.fileformat.info/info/charset/ISO-8859-1/list.htm
Cp1252	Baut auf ISO 8859-1 auf und wird unter Microsoft Windows für Westeuropa verwendet, siehe auch http://www.fileformat.info/info/charset/windows-1252/list.htm
MacRoman	Wird unter macOS für Westeuropa und Amerika verwendet, siehe auch http://www.fileformat.info/info/charset/x-MacRoman/list.htm

Diese Klassen können einzelne Zeichen oder Arrays einzelner Zeichen lesen und schreiben. Diese Funktionalität entspricht in etwa der der Binärklassen `FileInputStream` und `FileOutputStream`.

Die Umwandlung der Datentypen in Text und zurück wirft Fragen auf. Im Fall der binären Klasse `DataOutputStream` wird die Codierung so gewählt, dass mehr oder weniger die Bytefolge ausgegeben wird, durch die der auszugebende Wert im Speicher beschrieben wird. Bei einer Textdarstellung ist das nicht möglich. Erschwerend kommt hinzu, dass die textuelle Repräsentation mal viele und mal wenige Zeichen benötigt. Eine übliche Lösung ist es, einzelne „Worte" verschiedener Länge zu schreiben und dabei die einzelnen Worte durch Trennzeichen zu trennen.

Eine Folge von Zahlen wird also geschrieben als `1 10 100`. Trennzeichen ist hier das Leerzeichen. Die Länge der einzelnen Wörter ist verschieden.

Auf den ersten Blick ist das Problem damit gelöst. Allerdings können so keine Zeichenketten geschrieben werden, die Leerzeichen enthalten. `Sofia Huber` würde (zu Recht) nicht als ein, sondern als zwei Wörter interpretiert. Wenn für die beiden Wörter auch zwei Variablen, wie `String vorname` und `String name`, im lesenden Programm vorgesehen sind, ist das kein Problem. Bei

Tab. 2.3 Formatangaben bei `String.format`

Typangaben		Flags (zwischen % und Typangabe)		Sonderzeichen	
`%b`	Boolean	`<Zahl>`	Feldbreite	`%n`	neue Zeile
`%s`	String	`<B.N>`	Feldbreite B mit N Nachkomma- stellen	`%%`	Prozentzeichen
`%c`	Unicode-Zeichen	+	+ und - Vorzei- chen ausgeben		
`%d`	Dezimalzahl	-	Feld linksbündig ausgeben		
`%x`	Hexzahl	0	Feld links mit führender 0 füllen		
`%t`	Datum und Zeit				
`%f`	Fließkommazahl				
`%e`	wissenschaftliche Notation				

mehreren Vornamen wie `Sofia Maria Magdalena Huber` stößt der Ansatz auf Grenzen.

Die einfachste Lösung für dieses Problem ist es, spezielle Trennzeichen zu verwenden, die für nichts anderes genutzt werden. Üblich sind Komma und Strichpunkt.

Eine entsprechend formatierte Ausgabe kann in Java über die Klasse `Formatter` erzeugt werden. Noch einfacher ist es, die statische Methode `String.format(String formatString, ...)` zu verwenden, die direkt einen String zurückliefert. Dabei wird das gewünschte Format in `formatString` angegeben. Der Text dieses Strings wird in den Ausgabestring kopiert, für die Platzhalter der Form `%i` wird der entsprechend dem Platzhalter umcodierte Wert des Argumentes angegeben. Tab. 2.3 gibt einen Überblick über die möglichen Platzhalter. Abb. 2.3 zeigt Beispielcode mit entsprechender Ausgabe.

Die Anweisung

```
String toWrite = String.format("matNr_%d;_name_%s;_note_%
    f",4711,"Sofia_Huber", 3.1415);
```

```
String ausg;

String s = "Text";
ausg = String.format("%s",         s);    System.out.print(ausg); // Text
ausg = String.format("[%s]",       s);    System.out.print(ausg); // [Text]
ausg = String.format("[%S]",       s);    System.out.print(ausg); // [TEXT]
ausg = String.format("[%10s]",     s);    System.out.print(ausg); // [      Text]
ausg = String.format("[%-10s]",    s);    System.out.print(ausg); // [Text      ]
ausg = String.format("[%2s]",      s);    System.out.print(ausg); // [Text]
ausg = String.format("[%.2s]",     s);    System.out.print(ausg); // [Te]
ausg = String.format("[%10.2s]",   s);    System.out.print(ausg); // [        Te]

int i = 111;
ausg = String.format("[%d] [%d]",     i, -i);    System.out.print(ausg); // [111] [-111]
ausg = String.format("[%5d] [%5d]",   i, -i);    System.out.print(ausg); // [  111] [ -111]
ausg = String.format("[%05d] [%05d]", i, -i);    System.out.print(ausg); // [00111] [-0111]
ausg = String.format("[%+5d] [%+5d]", i, -i);    System.out.print(ausg); // [ +111] [ -111]
ausg = String.format("[%-5d] [%-5d]", i, -i);    System.out.print(ausg); // [111  ] [-111 ]

double d = 1234.56;
ausg = String.format("%f",         d);    System.out.print(ausg); // 1234,560000
ausg = String.format("[%15f]",     d);    System.out.print(ausg); // [    1234,560000]
ausg = String.format("[%10.2f]",   d);    System.out.print(ausg); // [    1234,56]
ausg = String.format("[%10.1f]",   d);    System.out.print(ausg); // [    1234,6]
ausg = String.format("[%10.0f]",   d);    System.out.print(ausg); // [      1235]
ausg = String.format("[%.2f]",     d);    System.out.print(ausg); // [1234,56]
ausg = String.format("[%,.2f]",    d);    System.out.print(ausg); // [1.234,56]
ausg = String.format("[%,010.2f]", d);    System.out.print(ausg); // [001.234,56]
```

Abb. 2.3 Beispiele für Formatierungen mit Ausgabe

erzeugt die Zeichenkette "matNr␣4711;␣name␣Sofia␣Huber;␣note ␣3,1415". Der Aufruf OutputStreamWriter.write(toWrite) schreibt die Zeichenkette in einen Stream.

Beim Lesen der Daten muss der Datenstrom in Teile aufgeteilt werden, die von den Trennzeichen begrenzt sind. Die Teile werden auch als Token bezeichnet, die Trennzeichen als Delimiter. Für diese häufig vorkommende Aufgabe gibt es die leistungsfähige Klasse Scanner.

Zum Lesen aus einem Stream wird dem Konstruktor der Stream sowie die gewünschte Zeichencodierung übergeben.

```
Scanner scan = new Scanner(fis,"UTF8");
```

Scanner betrachtet standardmäßig Leerzeichen, Tabulatoren und Zeilenwechsel, sogenannte „whitespaces" als Trennzeichen. In unserem Beispiel muss das Trennzeichen aber ein Strichpunkt sein, was über den folgenden Aufruf festgelegt wird

```
scan.useDelimiter(";\\s*");
```

; bezeichnet den Strichpunkt, \\s einen Whitespace, und * keine, eine oder mehrere Wiederholungen des Zeichens davor, also hier

Tab. 2.4 Ausgewählte	`boolean nextBoolean()`
Methoden der Klasse	`byte nextByte()`
Scanner	`double nextDouble()`
	`float nextFloat()`
	`int nextInt()`
	`long netLong()`
	`String nextLine()`
	`String next()`

des Whitespace. Eine detaillierte Beschreibung möglicher Trennzeichen findet sich in der Dokumentation zur Klasse `Pattern`.

Damit können nun durch wiederholte Aufrufe einer der `next`-Methoden aus Tab. 2.4 die einzelnen Werte bzw. Tokens aus dem Stream gelesen werden.

2.2.5 Beispiel Studentenverwaltung – Lesen als Text

Wir wollen die Studentendaten aus dem Beispiel in Abschn. 2.1 aus einer Textdatei entsprechend Abb. 2.4 auslesen. Die einzelnen Datenpunkte sind durch ; getrennt. In der ersten Zeile steht die Zahl der Datensätze. In der zweiten Zeile steht der erste Datensatz: Matrikelnummer, Name, Zahl der Leistungen und die Leistungen. In den folgenden Zeilen stehen weitere Datensätze.

Dazu erzeugen wir zunächst ein Objekt der Klasse `Scanner`, welches die Daten aus einem `FileInputStream` liest und zerlegt. Dem Scanner wird neben dem Stream noch die Zeichencodierung der zu lesenden Textdatei übergeben. In unserem Beispiel verwenden wir UTF8-Codierung.

```
FileInputStream fis = new FileInputStream(dateiName);
Scanner scan = new Scanner(fis,"UTF8");
```

```
100;
608; Sofia Huber; 1; Festkörpermechanik; 5,0;
704; Finn Hartmann; 2; Numerik A; 1,0; Stochastik A; 2,0;
```

Abb. 2.4 Die ersten Zeilen der Textdatei aus Abschn. 2.2.5

Da die einzelnen Datenpunkte in der Beispieldatei mittels eines Semikolons, gefolgt von ein oder mehreren Whitespaces, getrennt sind (siehe Abb. 2.4), muss der Filter des Scanners dementsprechend gesetzt werden. Dies geschieht mittels der Methode `useDelimiter`.

```
scan.useDelimiter(";\\s*");
```

Die einzelnen Zeichen im Delimiter haben dabei folgende Bedeutung: `;` steht für das Trennzeichen, das genau einmal vorkommen soll. `\\s` steht für sogenannten „Whitespace", eine vordefinierte Zeichenklasse aus Leerzeichen, Tabulatoren, Zeilenvorschub usw. Der `*` hinter `\\s` gibt an, dass kein, ein oder mehrere Vorkommen des Zeichens vor dem Stern, in unserem Fall also des Whitespace, gelesen werden sollen. Damit werden `;`, `;` mit folgenden Leerzeichen oder Tabulatoren und Zeilenvorschüben jeweils als ein Trennzeichen gelesen.

In der ersten Zeile der Datei steht die Zahl der Datensätze, die wir mit der Methode `nextInt` nun lesen. Tab. 2.4 gibt einen Überblick über die diversen `next`-Methoden, die das nächste Token einlesen und ggf. in ein gewünschtes Format konvertieren.

```
int studCnt = scan.nextInt();
```

Falls die Datei mindestens einen Datensatz enthält, lesen wir in einer Schleife über die Zahl der Datensätze sämtliche Einträge und legen diese in einem Array ab.

Wurden beim Studenten schon Prüfungsleistungen hinterlegt, erzeugen wir zunächst ein Array mit entsprechend vielen Elementen und lesen dann diese Informationen in einer zweiten Schleife ein.

```
if(studCnt != 0)
    {
    geleseneStudenten = new Student[studCnt];
    for(int i=0; i < studCnt; i++) {
    geleseneStudenten[i] = new Student();
    geleseneStudenten[i].matrikelNummer = scan.
        nextInt();
    geleseneStudenten[i].name = scan.next();
    int leistCnt = scan.nextInt();
    if(leistCnt != 0) {
```

```
        geleseneStudenten[i].leistungen = new Leistung[
           leistCnt];
        for(int j=0; j < leistCnt; j++) {
          geleseneStudenten[i].leistungen[j] = new
             Leistung();
          geleseneStudenten[i].leistungen[j].modul =
             scan.next();
          geleseneStudenten[i].leistungen[j].note =
             scan.nextDouble();
        }
      }
      else
        geleseneStudenten[i].leistungen = null;
    }

  }
  else
    geleseneStudenten = null;
```

Am Ende des Auslesevorganges muss sowohl der Scanner als auch der Inputstream geschlossen werden.

```
scan.close();
fis.close();
```

Der gesamte Code für die textbasierte Ein- und Ausgabe findet sich in Listing 2.5. Diese Routinen können angesprochen werden, indem in der Klasse Verwaltung statt BinaerIO TextIO instantiiert wird:

```
LesenSchreiben leseSchreibe = new
//    BinaerIO("BinaerDatei");
    TextIO("Textdatei");
```

Listing 2.5 Klasse für Text Ein- und Ausgabe

```
import java.io.FileInputStream;
import java.io.FileOutputStream;
import java.io.IOException;
import java.io.OutputStreamWriter;
import java.util.Scanner;

public class TextIO implements LesenSchreiben {
```

```java
String dateiName;

TextIO(String dateiName)
{
  this.dateiName = dateiName;
}

@Override
public void schreibeDatei(Student[] studenten) throws
    IOException {
  FileOutputStream fos = new FileOutputStream(dateiName
      );
  OutputStreamWriter osw = new OutputStreamWriter(fos,"
      UTF8");

  // string.format()
  String toWrite;

  if(studenten != null) {
    // zu schreibenden Text aus einzelnen Elementen
        zusammensetzen
    toWrite = String.format("%d",studenten.length );
    // Elemente mit ; und Leerzeichen trennen
    toWrite += ";_";
    // Text als Zeile schreiben
    toWrite += "\n";
    osw.write(toWrite);

    for(int i=0; i < studenten.length; i++) {
      // neuen Text beginnen
      toWrite = String.format("%d;_%s;_",
          studenten[i].matrikelNummer,
          studenten[i].name);
      if(studenten[i].leistungen != null) {
        // Text ergaenzen
        toWrite += String.format("%d;_",studenten[i].
            leistungen.length);

        for(int j=0; j < studenten[i].leistungen.length
            ; j++) {
          toWrite += String.format("%s;_%3.1f;_",
              studenten[i].leistungen[j].modul,
              studenten[i].leistungen[j].note);
```

```
        }
      }
      else
        toWrite += "0;␣";
      // Text / Datensatz eines Studenten als Zeile
          ausgeben
      toWrite += "\n";
      osw.write(toWrite);
    }
  }
  else
  {
    toWrite = "0;␣\n";
    osw.write(toWrite);
  }
  osw.close();
  fos.close();
}


@Override
public Student[] leseDatei() throws IOException {
  Student[] geleseneStudenten;

  FileInputStream fis = new FileInputStream(dateiName);

  // Einen Scanner erzeugen, der den Stream von
      Trennzeichen zu Trennzeichen liest
    Scanner scan = new Scanner(fis,"UTF8");
    // ; mit oder ohne folgenden Whitespace (
        Leerzeichen, Tabulator, Zeilenvorschub)
    // als Trennzeichen festlegen
    scan.useDelimiter(";\\s*");

  int studCnt = scan.nextInt();
  if(studCnt != 0)
  {
    geleseneStudenten = new Student[studCnt];
    for(int i=0; i < studCnt; i++) {
      geleseneStudenten[i] = new Student();
      geleseneStudenten[i].matrikelNummer = scan.
          nextInt();
      geleseneStudenten[i].name = scan.next();
      int leistCnt = scan.nextInt();
```

```
    if(leistCnt != 0) {
        geleseneStudenten[i].leistungen = new Leistung[
            leistCnt];
        for(int j=0; j < leistCnt; j++) {
            geleseneStudenten[i].leistungen[j] = new
                Leistung();
            geleseneStudenten[i].leistungen[j].modul =
                scan.next();
            geleseneStudenten[i].leistungen[j].note =
                scan.nextDouble();
        }
    }
    else
        geleseneStudenten[i].leistungen = null;
    }


}
else
    geleseneStudenten = null;

scan.close();
fis.close();
return geleseneStudenten;
}

}
```

2.3 Codierung/Zeichensätze

Texte bestehen aus einzelnen Zeichen. Im Rechner wird jedes
Zeichen, also jeder char, durch eine Zahl beschrieben. Ursprünglich wurde dafür ein Byte verwendet. Die Zuordnung zwischen
Zeichen und Zahl wird in Codetabellen festgelegt. Eine der wichtigsten Codetabellen ist der 1963 erstmals standardisierte ASCII-
Code, der nur 7 der 8 Bit eines Byte verwendete. Das 8te Bit
wurde als Paritätsbit zur Sicherung der Übertragung eingesetzt.
    Abb. 2.5 zeigt die druckbaren Zeichen, die in allen ASCII-
Codevarianten enthalten sind. Zusätzlich enthalten die Codetabellen auch eine Reihe nicht druckbarer Zeichen, die beispielsweise
eine neue Zeile in einer Textdatei einleiten.

Hex-Wert	Zeichen	Hex-Wert	Zeichen	Hex-Wert	Zeichen
0x20	Space	0x40	@	0x60	`
0x21	!	0x41	A	0x61	a
0x22	"	0x42	B	0x62	b
0x23	#	0x43	C	0x63	c
0x24	$	0x44	D	0x64	d
0x25	%	0x45	E	0x65	e
0x26	&	0x46	F	0x66	f
0x27	'	0x47	G	0x67	g
0x28	(	0x48	H	0x68	h
0x29	)	0x49	I	0x69	i
0x2A	*	0x4A	J	0x6A	j
0x2B	+	0x4B	K	0x6B	k
0x2C	,	0x4C	L	0x6C	l
0x2D	-	0x4D	M	0x6D	m
0x2E	.	0x4E	N	0x6E	n
0x2F	/	0x4F	O	0x6F	o
0x30	0	0x50	P	0x70	p
0x31	1	0x51	Q	0x71	q
0x32	2	0x52	R	0x72	r
0x33	3	0x53	S	0x73	s
0x34	4	0x54	T	0x74	t
0x35	5	0x55	U	0x75	u
0x36	6	0x56	V	0x76	v
0x37	7	0x57	W	0x77	w
0x38	8	0x58	X	0x78	x
0x39	9	0x59	Y	0x79	y
0x3A	:	0x5A	Z	0x7A	z
0x3B	;	0x5B	[	0x7B	{
0x3C	<	0x5C	\	0x7C		
0x3D	=	0x5D	]	0x7D	}
0x3E	>	0x5E	^	0x7E	~
0x3F	?	0x5F	_	0x7F	DEL

Abb. 2.5 Gemeinsamer Zeichenvorrat aller ASCII-Codes

Mit zunehmender Verbreitung von Computern stiegen auch die Ansprüche an die Darstellung von Texten. Dazu wurden zusätzliche Zeichen in den ASCII-Code aufgenommen. Im Zuge dieser Erweiterungen wurde der Code von einer 7-Bit breiten Zahl, die Werte von 0 bis 127 annehmen kann, auf eine 8-Bit breite Zahl mit einem Wertebereich von 0 bis 255 erweitert. Da auch die damit möglichen 256 verschiedenen Zeichen bei weitem nicht ausreichen, um alle Buchstaben aller üblicherweise verwendeten Sprachen darzustellen, gab es eine (lange) Übergangszeit, in der man sich mit „Codepages" behalf, die jeweils spezifizierten, wie die zusätzlichen Zeichen codiert werden sollten.

Unicode-Bereich (hexadezimal)	UTF-8-Kodierung (binär)	Bemerkungen	Möglichkeiten (theoretisch)	
0000 0000 - 0000 007F	0xxxxxxx	In diesem Bereich (128 Zeichen) entspricht UTF-8 genau dem ASCII-Code: Das höchste Bit ist 0, die restliche 7-Bit-Kombination ist das ASCII-Zeichen.	2^7	128
0000 0080 - 0000 07FF	110xxxxx 10xxxxxx	Das erste Byte beginnt immer mit 11, die folgenden Bytes mit 10. Die xxxx stehen für die Bits des Unicode-Zeichenwerts. Dabei wird das niederwertigste Bit des Zeichenwerts auf das rechte x im letzten Byte abgebildet, die höherwertigen Bits fortschreitend *von rechts nach links*. Die Anzahl der Einsen vor der ersten 0 im ersten Byte ist gleich der Gesamtzahl der Bytes für das Zeichen (*rechts* in Klammern jeweils die theoretisch maximal möglichen).	$2^{11}-2^7$ (2^{11})	1920 (2048)
0000 0800 - 0000 FFFF	1110xxxx 10xxxxxx 10xxxxxx		$2^{16}-2^{11}$ (2^{16})	63.488 (65.536)
0001 0000 - 0010 FFFF	11110xxx 10xxxxxx 10xxxxxx 10xxxxxx		2^{20} (2^{21})	1.048.576 (2.097.152)

Abb. 2.6 Byteketten für unterschiedliche UTF-8-Zeichen

Aktuelle Anwendungen codieren Zeichen nicht mehr im 8-Bit-
ASCII-Code, sondern in Unicode. Um mehr Zeichen abbilden
zu können, werden dabei mehrere Bytes je Zeichen verwendet.
Damit können Texte in fremden Zeichensätzen oder mit mathematischen Symbolen dargestellt werden.

Für die Verwendung in Dateien oder Netzwerktelegrammen
werden die Unicodezeichen in einem „Unicode Transformation
Format" codiert. Die Formate UTF-16 und UTF-8 sind dabei sehr
weit verbreitet (Siehe auch Tab. 2.2).

Diese Formate codieren die Unicodezeichen in verschieden
vielen Bytes. Die am häufigsten vorkommenden in einem, sel-
tenere in zwei Byte usw.

Abb. 2.6 zeigt die verschiedenen Codelängen in UTF-8.

2.4   Netzwerkanalyse mit Wireshark

Bei den Grundlagen haben wir die Darstellung von Daten als Byteströme behandelt. Im Endeffekt haben wir dabei Dateien auf die
Festplatte geschrieben oder von der Festplatte gelesen. Dadurch
war es uns möglich nachzuvollziehen, was wir in die Streams geschrieben bzw. aus den Streams gelesen haben. Beim Übergang
auf Netzwerkstreams ist das nicht mehr einfach möglich.

Hier helfen Protokollanalysatoren weiter. Diese Werkzeuge erfassen zunächst den Datenverkehr im Netzwerk. Dabei nutzen sie
die Tatsache aus, dass innerhalb eines Netzwerksegmentes alle
Datenpakte für alle Netzwerkknoten sichtbar sind, um alle, also
auch die Pakete, die eigentlich an andere Netzwerkknoten gerich-
tet sind, aufzuzeichnen.

Wireshark ist ein populärer und quelloffener Protokollanaly-
sator, der bei https://www.wireshark.org heruntergeladen werden
kann. Dort findet sich auch eine ausführliche Installationsanlei-
tung für die unterstützten Plattformen. Wireshark ist ein extrem
mächtiges Werkzeug. Dieser Abschnitt deutet nur einen winzigen
Teil der Gesamtfunktionalität an. Weiterführende Informationen
zu Wireshark finden sich in [10, 27].

Nach dem Programmstart kann man entweder gespeicherte Aufzeichnungen laden und analysieren oder eine neue Aufzeichnung starten.

Für eine Aufzeichnung muss ein Netzwerkinterface gewählt werden. Die meisten modernen Rechner verfügen über mehrere Netzwerkinterfaces. Deshalb sollte man darauf achten, das Interface auszuwählen, das an dem zu beobachtenden Netzwerk angeschlossen ist.

Standardmäßig zeichnet Wireshark den gesamten Netzwerkverkehr auf. Da meist nur ein Teil der Daten interessant ist, bietet Wireshark leistungsfähige Filterfunktionen an. Dabei werden zwei Filtertypen unterschieden: Capture-Filter und Display-Filter.

2.4.1 Capture-Filter

Capture-Filter steuern die Aufzeichnung. Ist ein derartiger Filter aktiv, zeichnet Wireshark nur die Pakete auf, die der Filter passieren lässt (Abb. 2.7).

Abb. 2.7 Wireshark mit Capture-Filter

Einige Beispiele für mögliche Capture-Filter:

- `host 172.18.5.4` zeichnet nur Datenpakete von und zur IP-Adresse 172.18.5.4 auf.
- `port 53` zeichnet Datenpakte von und zum Port 53 (DNS) auf.
- `src net 192.168.1.56` zeichnet nur Datenpakete von der IP-Adresse 192.168.1.56 auf.
- `dst net 192.168.1.56` zeichnet nur Datenpakete zur IP-Adresse 192.168.1.56 auf.

Mehrere Filter können über `and`, `not` und `or` verknüpft werden.

2.4.2 Display-Filter

Display-Filter leisten im Prinzip dasselbe, werden aber nach bzw. während der Aufzeichnung angewandt, um nur Teile der Aufzeichnung anzeigen zu lassen. Auch hier einige Beispiele:

- `tcp.port 25` zeigt nur Datenpakte von und zum Port 25 (SMTP).
- `ip.src==192.168.1.56` zeigt nur Datenverkehr von der IP-Adresse 192.168.1.56.
- `ip.dst==192.168.1.56` zeigt nur Datenverkehr zur IP-Adresse 192.168.1.56.

Abb. 2.8 zeigt einen Screenshot des Datenverkehrs zwischen den IP-Adressen 194.95.60.10 und 192.168.178.71. Der Benutzer hat im obersten Drittel des Fensters ein Paket gewählt. Im mittleren Drittel wird die Protokollinformation zu diesem Paket angezeigt (HTTP-Protokoll, Antwort auf eine GET-Anfrage). Im untersten Drittel, das in der Abbildung nicht sichtbar ist, steht der Paketinhalt als Hexdump, also der Wert jedes einzelnen Bytes im Paket.

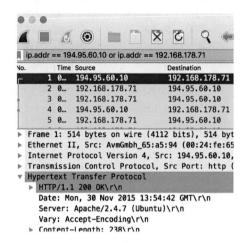

Abb. 2.8 Wireshark mit Display-Filter

2.4.3 Protokollanalyse

Durch Rechtsklick auf das Paket öffnet sich ein Kontextmenü (Abb. 2.9).

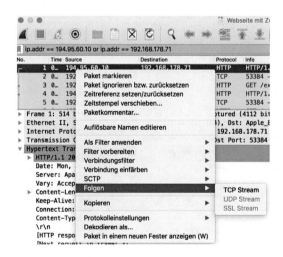

Abb. 2.9 Kontextmenü des markierten Paketes

   In diesem Menü können schnell diverse Filter gesetzt werden,
beispielsweise um alle ähnlichen Pakete anzeigen zu lassen.

   Zusätzlich bietet Wireshark abhängig vom Pakettyp auch sehr
weitgehende Analysefunktionen an. In unserem Beispiel handelt
es sich um ein Paket aus einem TCP/IP-Stream. Bei der Auswahl
„Folgen", zeigt Wireshark die einzelnen Pakete des Kommunika-
tionsstroms zwischen den beiden Rechnern als fortlaufenden Text
an (Abb. 2.10).

```
Wireshark · TCP Stream (tcp.stream eq 0) folgen · Webseite mit Zufallszahl

HTTP/1.1 200 OK
Date: Mon, 30 Nov 2015 13:54:42 GMT
Server: Apache/2.4.7 (Ubuntu)
Vary: Accept-Encoding
Content-Length: 238
Keep-Alive: timeout=5, max=9
Connection: Keep-Alive
Content-Type: text/html

<html>
<head>
<title>Plenk'sches Beispiel 1: Zufallszahl</title>
</head>
<body>
<h1>Plenk'sches Beispiel 1: Zufallszahl</h1>
Wir erzeugen und zeigen in der n&auml;chsten Zeile eine Zufallszahl zwischen 12 und 34
an:<br>
20</body>
</html>
GET /example-1.php HTTP/1.1
Accept-Charset: UTF-8
User-Agent: Java/1.8.0_31
Host: vplenk.lx-lehre.hof-university.de
Accept: text/html, image/gif, image/jpeg, *; q=.2, */*; q=.2
Connection: keep-alive

HTTP/1.1 200 OK
Date: Mon, 30 Nov 2015 13:54:42 GMT
Server: Apache/2.4.7 (Ubuntu)
Vary: Accept-Encoding
Content-Length: 238
Keep-Alive: timeout=5, max=8
Connection: Keep-Alive
Content-Type: text/html

<html>
<head>
<title>Plenk'sches Beispiel 1: Zufallszahl</title>
```

Paket 4. 9 Client Pakete,8 Server Pakete,16 Runden. Zur Auswahl anklicken.

| Entire conv ⌄ | Daten anzeigen als ASCII ⌄ | Stream 0 ⌄ |

Suchen: [   ]   Nächstes suchen

| Help | Diesen Stream verstecken | Drucken | Save as... | Close |

Abb. 2.10 Streamanzeige in Wireshark

Übungsaufgaben

(Lösungsvorschläge in Abschn. A.1)

2.1 Mittelwert aller Noten
Geben Sie eine Java-Methode an, die für den Array `studenten` den Mittelwert aller Noten aller Studenten bestimmt.

2.2 Lesen als Binärdatei
Lesen Sie die Datei `UTF-8-demo.txt` Byte für Byte ein und geben Sie den gelesenen Code sowie das entsprechende ASCII-Zeichen aus. Die Datei finden Sie unter http://angewnwt.hof-university.de/grundlagen.php.

Hintergrund Die Datei codiert manche Zeichen als ein Byte und manche als mehrere (Abb. 2.6). Da immer nur ein Byte gelesen und dann als Zeichen ausgegeben wird, erscheinen bei den „ein-Byte"-Zeichen, wie A, in der Ausgabe Code und Zeichen, während bei „mehr-Byte"-Zeichen, wie α, einige Codes ohne entsprechendes Zeichen erscheinen. Die Ausgabe der Codes sollte in etwa der in Abb. 2.11 rechts entsprechen.

```
UTF-8 Beispiel    0000000 55 54 46 2d 38 20 42 65 69 73 70 69 65 6c 0a e2
                  0000010 80 94 e2 80 94 e2 80 94 e2 80 94 e2 80 94 e2 80
A B C D E F G     0000020 94 e2 80 94 e2 80 94 e2 80 94 e2 80 94 e2 80 94
a b c d e f g     0000030 e2 80 94 e2 80 94 e2 80 94 0a 41 20 42 20 43 20
Ä Ö Ü ä ö ü ß     0000040 44 20 45 20 46 20 47 0a 61 20 62 20 63 20 64 20
                  0000050 65 20 66 20 67 0a c3 84 20 c3 96 20 c3 9c 20 c3
1 2 3 4 5 6 7     0000060 a4 20 c3 b6 20 c3 bc 20 c3 9f 20 0a 0a 31 20 32
                  0000070 20 33 20 34 20 35 20 36 20 37 0a 0a 21 20 c2 a7
! § $ % & / ?     0000080 20 24 20 25 20 26 20 2f 20 3f 0a c2 a1 20 c2 a2
¡ ¢ © µ » ½ ¿     0000090 20 c2 a9 20 c2 b5 20 c2 bb 20 c2 bd 20 c2 bf 0a
                  00000a0 0a ce b1 20 ce b2 20 ce b3 20 ce b4 20 ce b5 20
α β γ δ ε ζ η     00000b0 ce b6 20 ce b7
                  00000b5
```

Abb. 2.11 Die Datei `UTF-8-demo.txt` in einem UTF-fähigen Editor (*links*) und der dazugehörige Hexdump (*rechts*)

2.3 Lesen als Textdatei

a) Lesen Sie die Datei `UTF-8-demo.txt` zeichenweise ein und geben Sie die gelesenen Zeichen aus.

b) Lesen Sie die Datei zeilenweise ein und geben Sie die gelesenen Zeilen aus.

Hintergrund Wenn die Codierung beim Einlesen (und bei der Konsole) richtig eingestellt ist, werden sowohl „ein-Byte"- als auch „mehr-Byte"-Zeichen korrekt gelesen und ausgegeben. Die Ausgabe sollte in etwa der in Abb. 2.11 links entsprechen.

Beim zeilenweisen Einlesen werden zusätzlich zu den einzelnen Zeichen auch die Steuerzeichen interpretiert, so dass jeweils eine ganze Zeile gelesen werden kann.

2.4 Lesen einer Binärdatei

Geben Sie eine Java-Klasse an, die die Binärdatei aus Abschn. 2.2.2 einliest.

Die Datei finden Sie unter http://angewnwt.hof-university.de/grundlagen.php.

2.5 Schreiben einer Textdatei

Geben Sie eine Java-Klasse an, die eine Textdatei entsprechend Abb. 2.4 schreibt.

Dateiformate: JSON

3

Zusammenfassung

Dieses Kapitel stellt zunächst Dateiformate im Allgemeinen
vor. Als erstes Standarddateiformat wird JSON vorgestellt. Für
den Einsatz von JSON in Java wird die Bibliothek GSON dargestellt.

3.1 Dateiformate im Allgemeinen

Die Abschn. 2.2.2 und 2.2.5 haben gezeigt, dass für die Ablage der Information als Bytefolge in Dateien oder Streams eine Vereinbarung über die Codierung der einzelnen Elemente und deren Reihenfolge im Stream nötig ist. Diese Festlegung bezeichnet man auch als Dateiformat oder Datenformat.

Bei der Binärdatei nach Abb. 2.2 haben wir zunächst die Menge der Datensätze als Integer gespeichert. Wenn mit unterschiedlichen Systemen gearbeitet wird, ist bereits diese einfache Operation nicht eindeutig. Es ist festzulegen, durch wie viele Bytes der Integer dargestellt wird. Ältere Systeme arbeiten mit 16-Bit Integern, also 2 Byte, neuere mit 32 Bit, also 4 Byte. Weiterhin muss festgelegt werden, in welcher Reihenfolge die Bytes in die Datei geschrieben werden. Der Integer `0x01020304` besteht aus 4 Bytes mit den Werten `0x01`, `0x02`, `0x03` und `0x04`. Soll mit dem Byte mit der geringsten Wertigkeit, also `0x04`, begonnen werden oder mit dem der höchsten Wertigkeit, also `0x01`?

Bei einer Textdatei entsprechend Abb. 2.4 sind ebenfalls zahlreiche Festlegungen nötig: Wie werden die Datenpunkte voneinander getrennt? Wie werden die einzelnen Datenpunkte als Text repräsentiert? Wie werden die einzelnen Buchstaben codiert?

Obwohl also einiges festzulegen ist, haben wir bei den Beispielen wenig darüber nachgedacht. Das funktioniert solange der lesende und der schreibende Code aus einer Hand kommen. Allerdings macht es auch in diesem einfachen Fall Sinn, etwas länger über ein Format nachzudenken, damit auch neuere Versionen der Anwendung die alten Dateien einlesen können.

Im Kontext der Netzwerktechnik ist es nahezu sicher, dass die zwei zu verbindenden Systeme von verschiedenen Einheiten implementiert werden. Deswegen empfiehlt sich hier die Verwendung von Standarddateiformaten.

Bei den Standardformaten gibt es standardisierte Formate, die beispielsweise Bilddaten, Audiodaten oder Videodaten transportieren. Diese Formate sind im Allgemeinen gut dokumentiert, da sie dem Datenaustausch zwischen Systemen dienen. Daneben gibt es proprietäre Formate wie das DOCX-Format der neueren Word-Versionen. Diese Formate sind meist nicht so gut dokumentiert wie die Standardformate, bilden aber durch ihre weite Verbreitung ebenfalls einen Standard.

3.2 Das Dateiformat JSON

Die JavaScript Object Notation, kurz JSON, ist ein kompaktes Datenformat in Textform. Es dient dem Datenaustausch zwischen Anwendungen und zum Speichern von strukturierten Daten. Das Format ist nicht auf bestimmte Inhalte festgelegt. Stattdessen beschreibt es allgemeine Datenstrukturen als Schlüssel-Wert-Paare (englisch: „key-value-pairs" oder „name-value-pairs"). Beim Schlüssel-Wert-Paar `"matrikelNummer": 702` gibt der Schlüssel `"matrikelNummer"` den Namen/die Bedeutung des Datenpunktes an. Der Wert ist `"702"`.

Listing 3.1 zeigt eine Beispieldatei.

Listing 3.1 Beispiel für eine JSON-Datei

```
[
  {
    "matrikelNummer": 702,
    "name": "Finn␣Fischer",
    "leistungen":
    [
      {"modul": "Baustoffkunde␣I", "note": 2.0}
      {"modul": "Lineare␣Algebra␣A", "note": 4.0}
    ]
  },
  {
    "matrikelNummer": 204,
    "name": "Emma␣Hartmann",
    "leistungen": null
  }
]
```

Für den Wert eines Datenpunktes kennt JSON die folgenden Datentypen:

Nullwert	wird durch das Schlüsselwort `null` dargestellt.
Boolesche Werte	werden durch die Schlüsselwörter `true` und `false` dargestellt.
Zahlen	werden durch eine Folge der Ziffern `0 ... 9` dargestellt. Diese Folge kann durch ein negatives Vorzeichen `-` eingeleitet und einen Dezimalpunkt `.` unterbrochen sein. Die Zahl kann durch die Angabe eines Exponenten `e` oder `E` ergänzt werden, dem ein Vorzeichen und eine Folge von Ziffern folgt.
Zeichenketten	beginnen und enden mit doppelten geraden Anführungszeichen `"`. Sie können Unicode-Zeichen und Escape-Sequenzen enthalten.
Arrays	beginnen mit `[` und enden mit `]`. Sie enthalten eine durch Kommata geteilte, geordnete Liste von Werten gleichen oder verschiedenen Typs. Leere Arrays sind zulässig.

| *Objekte* | beginnen mit { und enden mit }. Sie enthalten eine durch Kommata geteilte, ungeordnete Liste von Eigenschaften. Objekte ohne Eigenschaften („leere Objekte„) sind zulässig. |
| *Eigenschaften* | bestehen aus einem Schlüssel und einem Wert, getrennt durch einen Doppelpunkt (Schlüssel:Wert, englisch key:value). Jeder Schlüssel darf in einem Objekt nur einmal enthalten sein. Der Schlüssel ist eine Zeichenkette. Der Wert ist ein Objekt, ein Array, eine Zeichenkette, eine Zahl oder einer der Ausdrücke `true`, `false` oder `null`. |

Aus diesen Elementen kann eine Datenstruktur aufgebaut werden. Die Daten können beliebig verschachtelt werden, beispielsweise ist ein Array von Objekten möglich. Als Zeichenkodierung benutzt JSON standardmäßig UTF-8. Auch UTF-16 und UTF-32 sind möglich. Leerraumzeichen (Space, Tabulator, Zeilenumbruch) zwischen den Elementen sind zulässig und werden ignoriert.

3.3   Zugriff in Java mit GSON

Für den Zugriff auf JSON-Dateien in Java empfiehlt sich eine Bibliothek. Es gibt eine Reihe solcher Bibliotheken für Java. Wir setzen GSON ein, da diese Biliothek direkt von einer Java-Struktur nach JSON und umgekehrt umsetzen kann. GSON ist ein Open-Source-Project, das unter http://code.google.com/p/googlegson abrufbar ist.

Um die Bibliothek in einem eigenen Eclipse-Projekt zu verwenden, muss sie, wie in Abb. 3.1 gezeigt, zum Eclipse-Projekt hinzugefügt werden. Wenn kein Eclipse verwendet wird, muss die Bibliothek im Klassenpfad liegen. Im Quellcode der aufrufenden Klasse ist außerdem ein Verweis auf die Bibliothek hinzuzufügen:

```
import com.google.gson.Gson;
import com.google.gson.GsonBuilder;
```

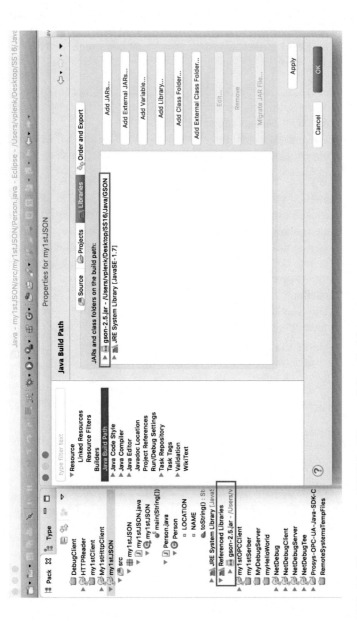

Abb. 3.1 Hinzufügen des GSON Jar-Files zum Eclipse-Projekt:
Im Menü Project – Properties wählen, dann im Reiter Libraries auf Add Jars klicken und Jar-Files auswählen

Damit können die Klassen und Methoden der Bibliothek im Projekt verwendet werden.

Im Kern hat die Klasse `Gson` zwei Methoden, die für den Nutzer wichtig sind:

- `String toJson(Object src)` wandelt das übergebene Objekt in einen String um, der die dem Inhalt des Objektes entsprechende JSON-Darstellung enthält.
- `<T> T fromJson(String json, Class<T> classOfT)` erzeugt ein Objekt des Typs `T` und speichert die Werte aus dem String in diesem Objekt.

Zusätzlich gibt es eine lange Reihe weiterer Methoden, die beispielsweise die JSON-Darstellung statt in einem String in einen Stream schreiben oder aus einem Stream lesen.

Der wichtigste Kniff beim Lesen einer JSON-Darstellung mit `Gson` liegt darin, dass die Methode `fromJson` Klassendefinitionen benötigt, deren Membervariablen den Feldnamen in der JSON-Darstellung zugeordnet werden können.

Die Klassen, die zu den Beispieldaten aus Listing 3.1 passen, könnten folgendermassen aussehen:

```
public class Student {
  int matrikelNummer;
  String name;
  Leistung[] leistungen;
}

public class Leistung {
  String modul;
  double note;
}
```

Die Variablen `matrikelNummer` und `name` der Klasse `Student`, sowie der Verweis `leistungen` auf ein Array von Instanzen der Klasse `Leistung` mit den zwei Variablen `modul` und `note` entsprechen den Feldnamen in der JSON-Datei. Wenn der Inhalt der Beispieldatei aus Listing 3.1 in der Zeichenkette `myjson` gespeichert ist, erzeugt die Anweisung `Student studenten[] = gson.fromJson(reader, Student[].class);` einen Array mit zwei Instanzen der Klasse `Student`.

Listing 3.2 zeigt ein komplettes Programm, das die Datei „JSON-Beispiel.json" einliest.

Die Datei muss in dem Verzeichnis liegen, in dem die .class-Datei des Programms liegt. Die Ausgabe auf der Konsole ergibt:

```
700 Finn Bauer   Analysis A - 1.0 | Datenstrukturen,
    Algorithmen und Programmierung - 4.0 |
401 Hannah Becker Analysis B - 5.0 | Graphen und Netze -
    4.0 | Stroemungsmechanik - 4.0 | Baustoffkunde I -
    4.0 | Lineare Algebra B - 4.0 |
```

Es ist auch zulässig, weitere Felder in der Klasse zu vereinbaren, die in der Datei nicht vorkommen. Diese Felder werden beim Parsen nicht befüllt.

Nicht zulässig ist es, dass ein Feld, das in der Klasse vereinbart ist, bei manchen Einträgen in der Datei vorkommt und bei manchen fehlt.

Listing 3.2 Beispielprogramm zum Parsen der Datei aus Listing 3.1

```java
import java.io.FileInputStream;
import java.io.IOException;
import java.io.InputStreamReader;
import java.io.Reader;
import com.google.gson.Gson;
import com.google.gson.GsonBuilder;

public class my1stJSON {

  public class Student {

    public int matrikelNummer;
    public String name;
    public Leistung[] leistungen;

    @Override
    public String toString() {
      String result =
          matrikelNummer+"\t"+name;
      return result;
    }
  }
```

```java
public class Leistung {

  public String modul;
  public double note;
  @Override
  public String toString() {
    String result =
        modul+"␣-␣"+note;
    return result;
  }
}

public static void main(String[] args) throws
    IOException {

  try (
    FileInputStream FIS = new FileInputStream("JSON-
        Beispiel.json");
    Reader reader = new InputStreamReader(FIS, "UTF-8")
        ) {
    Gson gson = new GsonBuilder().create();
    Student studenten[] = gson.fromJson(reader, Student
        [].class);

    for (int studentNr = 0; studentNr < studenten.
        length; studentNr++)
    {
      System.out.print(studenten[studentNr]+"\t");

      if (studenten[studentNr].leistungen != null)
      {
        for (int leistungNr = 0; leistungNr < studenten
            [studentNr].leistungen.length; leistungNr
            ++)
          System.out.print(studenten[studentNr].
              leistungen[leistungNr]+"␣|␣");
        System.out.println();
      }
      else System.out.println();
    }
  }
}
}
```

3.4   Beispiel Studentenverwaltung – Lesen und Schreiben als JSON

Der Code für das Lesen und Schreiben der Studentendaten aus dem Beispiel in Abschn. 2.1 findet sich in Listing 3.3.

Um diesen Code zu nutzen wird in der Klasse Verwaltung die entsprechende Ein-/Ausgabeklasse instantiiert:

```
LesenSchreiben leseSchreibe = new
//    BinaerIO("BinaerDatei");
//    TextIO("Textdatei");
     JSON_IO("JSON-Datei");
```

Listing 3.3   Klasse für Ein- und Ausgabe im JSON-Format

```
import java.io.FileInputStream;
import java.io.FileOutputStream;
import java.io.IOException;
import java.io.InputStreamReader;
import java.io.OutputStreamWriter;

import com.google.gson.Gson;
import com.google.gson.GsonBuilder;

public class JSON_IO implements LesenSchreiben {

  String dateiName;
  Gson gson;

  JSON_IO(String dateiName) {
    this.dateiName = dateiName;
    gson = new GsonBuilder().create();
  }

  @Override
  public void schreibeDatei(Student[] studenten) throws
      IOException {
    FileOutputStream fos = new FileOutputStream(dateiName
        );
    OutputStreamWriter osw = new OutputStreamWriter(fos,"
        UTF-8");
```

```
  gson.toJson(studenten,osw);

  osw.close();
  fos.close();
}

@Override
public Student[] leseDatei() throws IOException {
  Student[] geleseneStudenten;
  FileInputStream fis = new FileInputStream(dateiName);
  InputStreamReader isr = new InputStreamReader(fis,"
     UTF-8");

  geleseneStudenten = gson.fromJson(isr,Student[].class
     );

  isr.close();
  fis.close();

  return geleseneStudenten;
}

}
```

Übungsaufgaben

(Lösungvorschläge in Abschn. A.2)

3.1
Geben Sie eine Klassenstruktur zur Aufnahme der Informationen
aus der folgenden JSON-Datei an.

```
{
  "name": "Georg",
  "alter": 47,
  "kinder": [
    {
      "name": "Lukas",
      "alter": 19
    },
```

```
    {
      "name": "Lisa",
      "alter": 14
    }
  ]
}
```

Dateiformate: HTML

4

Zusammenfassung

Dieses Kapitel stellt das Dateiformat HTML vor. Der Fokus liegt dabei auf der Analyse abgerufener Seitenquelltexte mit dem Ziel, daraus Daten zu extrahieren. Zum Abschluss werden Formulardefinitionen behandelt, um diese automatisch auszufüllen und die Daten an den Server zu übertragen.

4.1 HTML im Kontext

In Abschn. 1.1 wurde angedeutet, dass neben den bereits bisher vernetzten Geräteklassen wie IT-Systemen, PCs und Smartphones zunehmend auch Steuerungen für Industrieanlagen und andere eingebettete Systeme (englisch Embedded-Systems) vernetzt werden.

Diese Systeme unterscheiden sich von den klassischerweise vernetzten Systemen einerseits durch eine unmittelbare Kopplung mit den Geräten, die sie steuern, und andererseits durch ihre enorme Lebensdauer. Während Smartphones oft schon nach einem Jahr ersetzt werden, werden von eingebetteten Systemen gesteuerte Maschinen oft zwei bis drei Jahrzehnte lang ohne nennenswerte Erweiterungen oder Softwareupdates eingesetzt. Diese langen Zyklen führen dazu, dass viele neuere Maschinen bereits

© Springer Fachmedien Wiesbaden GmbH, ein Teil von Springer Nature 2019   55
V. Plenk, *Angewandte Netzwerktechnik kompakt*, IT kompakt,
https://doi.org/10.1007/978-3-658-24523-8_4

mit Netzwerkschnittstellen ausgestattet wurden, ohne dass es eine konkrete Anwendung dafür gab. Die Entwickler haben dann meist eine Web-Oberfläche vorgesehen, über die Maschinenstati abgerufen und teilweise Maschinenparameter verändert werden können.

Es ist zu erwarten, bzw. bereits zu beobachten, dass derartige Oberflächen zunehmend auch als Schnittstelle zu den Maschinen genutzt werden. Dafür ist es nötig, die Seiten automatisiert abzurufen, die im übertragenen HTML-Code enthaltenen Daten zu extrahieren und ggf. über Formulardaten Parameter und Befehle an die Maschine zu schicken.

Im Folgenden werden ein paar grundlegende Dinge über HTML dargestellt. Diese Darstellung reicht nicht aus, um selbst Webseiten zu entwerfen. Ziel ist vielmehr, dass der HTML-Code einer bestehenden Seite soweit verständlich wird, dass ein Programm entwickelt werden kann, das ihn einliest und Nutzinformationen extrahiert.

4.2   Das Dateiformat HTML

Die Hypertext Markup Language, abgekürzt HTML, ist eine textbasierte Auszeichnungssprache. Das bedeutet, dass HTML beliebige, von Menschen für Menschen geschriebenen Texte strukturiert. Die visuelle Darstellung der Texte ist nicht Teil der HTML-Spezifikationen und wird durch den Webbrowser und Gestaltungsvorlagen wie CSS bestimmt.

HTML kennt verschiedene Gliederungsebenen, Absätze und Tabellen zur Strukturierung digitaler Dokumente. Zusätzlich bietet es Hyperlinks, Bilder und andere multimediale Inhalte. HTML-Dokumente sind die Grundlage des World Wide Web und werden von Webbrowsern dargestellt. Neben den vom Browser angezeigten Inhalten können HTML-Dateien zusätzliche Angaben in Form von Metainformationen enthalten, z. B. über die im Text verwendeten Sprachen, den Autor oder den zusammengefassten Inhalt des Textes.

4.3 Webadressen

Rechner im Internet werden über eine Adresse identifiziert. Diese Adresse kann entweder eine Zeichenkette der Form `https://` `www.iisys.de/forschung/forschungsgruppen/cyber-physical-` `systems.html` oder eine Folge von Ziffern wie `194.95.61.208` sein. Im ersten Fall spricht man von einer URI, im zweiten von einer IP-Adresse.

4.3.1 URLs, URNs und URIs

URIs, also Internetadressen in Textform werden umgangssprachlich meist als URL bezeichnet.

Nach den Definitionen der Internet Engineering Task Force (IETF) ist das nicht ganz korrekt. Berners-Lee et al. [4] definieren in RFC3986 drei verschiedene Begriffe

> A *URI* is an identifier consisting of a sequence of characters .... It enables uniform identification of resources via a separately defined extensible set of naming schemes ... A URI can be further classified as a locator, a name, or both.
>
> The term „*Uniform Resource Locator"* (URL) refers to the subset of URIs that, in addition to identifying a resource, provide a means of locating the resource by describing its primary access mechanism (e.g., its network location).
>
> The term „*Uniform Resource Name"* (URN) has been used historically to refer to both URIs under the urn scheme, which are required to remain globally unique and persistent even when the resource ceases to exist or becomes unavailable, and to any other URI with the properties of a name.
> ...
> Future specifications and related documentation should use the general term „URI" rather than the more restrictive terms „URL" and „URN".
> ...

„URI" ist also der aktuellere und allgemeinere Begriff. Wichtiger als diese Definitionsfragen ist aber das generelle Verständnis des Aufbaus einer Internetadresse. Dazu nochmal Berners-Lee et al. [4]

The generic URI syntax consists of a hierarchical sequence of com-
ponents referred to as the scheme, authority, path, query, and fragment.

```
URI = scheme ":" hier-part [ "?" query ] [ "#" fragment ]

hier-part = "//" authority path-abempty
            / path-absolute
            / path-rootless
            / path-empty
```

Für die oben genannte Adresse bedeutet das:

scheme   gibt an, mit welchem Protokoll die Daten übertragen
werden sollen. Hier wird mit `http` das HTTP-Protokoll
(siehe auch Kap. 5) angegeben.
Neben HTTP gibt es eine Reihe weiterer möglicher Protokolle wie HTTPS, FTP, RTP usw.

authority gibt an, von welchem Server die Daten geladen werden
sollen. Hier ist das der Server `www.iisys.de`.

path   gibt den Pfad auf dem Server an. Hier ist das `forschung/`
`forschungsgruppen/cyber-physical-systems.html`.

Mit den Klassen `URI` aus der Standardbibliothek und der Klasse
`URIBuilder` aus der Bibliothek `HTTPClient` (siehe Abschn. 5.6.1)
bietet Java komfortable Methoden zum Umgang mit derartigen
Adressen. Tab. 4.1 gibt einen Überblick über die wichtigsten Methoden.

4.3.2 IP-Adressen (im Überblick)

Bei IP-Adressen wird zwischen IPv4 und IPv6 unterschieden.
IPv6 ist der neuere Standard, der momentan noch nicht weit
verbreitet ist. Deswegen wird im Folgenden IPv4 beschrieben.

Eine IPv4-Adresse besteht aus vier Bytes bzw. 32 Bits und
wird üblicherweise als Folge von vier durch Punkten getrennte
Dezimalzahlen geschrieben. Jede Dezimalzahl entspricht dabei
dem Wert eines Bytes und kann Werte zwischen 0 und 255 annehmen. Damit ergibt sich eine Darstellung wie `194.95.61.208`.

Tab. 4.1 Die wichtigsten Methoden der Klassen `URI` und `URIBuilder`

URI	URIBuilder
aus `java.net.URI`	aus `org.apache.http.client.utils`
`URI(String scheme, String host, String path, String fragment)`	`URIBuilder(URI uri)`
`URI(String scheme, String userInfo, String host, int port, String path, String query, String fragment)`	`URIBuilder(String string)`
`static URI create (String str)`	`URIBuilder addParameter( String param, String value)`
`String getAuthority()`	`URIBuilder addParameters( List<NameValuePair> nvps)`
`String getFragment()`	`URI build()`
`String getHost()`	`URIBuilder setCustomQuery( String query)`
`String getPath()`	
`String getQuery()`	
`String getScheme()`	
`String getUserInfo()`	
`int getPort()`	
`URL toURL()`	

Die Adresse `127.0.0.1` oder `localhost` bezeichnet den eigenen Rechner. Damit kann ohne Kenntnis der eigenen Adresse eine Netzwerkverbindung zu einer anderen Anwendung auf dem Rechner hergestellt werden.

Diese knappe Darstellung reicht aus, um Rechner im Netz zu adressieren, genügt also für die Anwendung. Abschn. 10.2.1 deutet weiterführende Details an.

4.3.3 Domain Name System (DNS)

Die Kommunikation in der Netzwerkschicht findet immer über die IP-Adresse statt. Die URI enthält aber normalerweise eine

Serveradresse (authority) in Textform, wie `www.iisys.de`. Dieser Teil der URI wird über das Domain Name System in eine IP-Adresse umgesetzt.

Das DNS ist ein hierarchisch organisierter Verzeichnisdienst, der die IP-Adresse zu einem Namen liefert. Die Hierarchie ist so aufgebaut, dass zunächst ein Server, der für das jeweilige Netz zuständig ist, befragt wird. Sollte der den Namen nicht kennen, gibt er die Anfrage an den nächsten Server in der Hierarchie weiter. Kurose and Ross [9] erläutern die Funktionsweise der Namensauflösung näher.

Im Beispiel oben wird `www.iisys.de` aufgelöst zu `194.95.61.208`. Diese IP-Adresse hat eine Gültigkeit von 24 Stunden. Während dieser Zeit könnte die URI auch als `https://194.95.61.208/forschung/forschungsgruppen/cyber-physical-systems.html` geschrieben werden.

Dank des DNS ist es unproblematisch, wenn sich die IP-Adresse eines Rechners aus technischen Gründen wie Hardwaretausch, Providerwechsel, o. ä. ändert, da dem bekannten Namen die jeweils aktuelle IP-Adresse zugeordnet wird.

4.4 Grundstruktur einer HTML-Seite

Eine moderne HTML-Seite ist ein komplexes Produkt aus vielen kleinen Dateien: der Seitentext steht in einer Datei, Grafiken stehen jede in einer eigenen Datei, weitere zusätzliche Informationen zur Formatierung stehen in weiteren Dateien.

Diese Dateien werden vom Webserver an den Client/Webbrowser übertragen. Die Übertragung erfolgt über das HTTP(S)-Protokoll (siehe auch Kap. 5). Der Client/Webbrowser ist dann für die Interpretation der Dateien und ggfs. für das Erzeugen der Anzeige zuständig.

Im Internetbereich gibt es eine verwirrende Fülle von Standards und Methoden: HTML, HTML5, Ajax, JavaScript usw. Allen gemeinsam ist, dass die verwendete Methode sowie die weiteren benötigten Dateien in einer „Startdatei" stehen. Das ist im Allgemeinen die Datei, deren Name nach der Domain in der URI steht. Bei `https://www.iisys.de/forschung/forschungsgruppen`

Listing 4.1 Beispiel für eine minimale HTML-Datei

```
<!doctype html>
<html lang="de">
  <head>
    <title>
      Minimale Webseite
    </title>
  </head>
  <body>
    mit etwas Text
  </body>
</html>
```

`/cyber-physical-systems.html` ist das die Datei `/forschung/`
`forschungsgruppen/cyber-physical-systems.html`.

Listing 4.1 zeigt den HTML-Code für eine minimale Webseite. Der Code enthält Textteile, die später dem Benutzer angezeigt werden sollen. Das ist die Nutzinformation. Zusätzlich sind Anweisungen, HTML-Tags oder Tags enthalten, die von dem Programm, das die Datei verarbeitet/anzeigen soll, gelesen werden. Die Tags stehen in spitzen Klammern (`<`, `>`).

Manche Tags enthalten eine einfache Anweisung wie `<!doctype html>`. Diese Tags stehen alleine.

Andere Tags spezifizieren, wie ein Teil des Textes in der Datei behandelt/interpretiert werden soll. Diese Tags stehen in Paaren: ein öffnendes Tag wie `<title>`, gefolgt von dem beschriebenen Text, gefolgt von einem schließenden Tag wie `</title>`.

Tab. 4.2 gibt einen Überblick über mögliche Tags.

Die Tags in den beiden linken Spalten (Gliedernde/strukturierende Tags, Tags zur Textauszeichnung/Formatierung, Tags für Links, Tags für Tabellen) beziehen sich auf den Text in der Datei und seine Darstellung bzw. seine Struktur. Diese Tags können implizit auch auf eine Datei verweisen, die die grafische Darstellung näher spezifiziert (CSS-Datei), verweisen aber nicht auf weitere Dateien, die nachgeladen werden müssen.

Die Multimedia-Tags verweisen auf weitere (Multimedia-) Dateien, die vom Server nachgeladen werden müssen. Diese Dateien müssen im Kontext dieses Buches nicht betrachtet werden.

Tab. 4.2 Überblick über HTML-Tags nach selfhtml [17]

Grundstruktur	Kopfdaten	Links (Verweise)
• `<html>, </html>` • `<head>, </head>` • `<body>, </body>`	• `<meta>, <link>, <base>` • `<title>, </title>` • `<style>, </style>`	• `<a>, </a>` • `<map>, </map>` • `<area>`
Textauszeichnungen	**Formulare**	**Textstrukturierung**
• `<a>, </a>` • `<b>, </b>` • `<em>, </em>` • `<i>, </i>` • `<kbd>, </kbd>` • `<mark>, </mark>` • `<s>, </s>` • `<small>, </small>` • `<strong>, </strong>` • `<sub>, </sub>` • `<sup>, </sup>` • `<u>, </u>` • `<cite>, </cite>` • `<q>, </q>` • `<dfn>, </dfn>` • `<abbr>, </abbr>` • `<code>, </code>` • `<var>, </var>` • `<samp>, </samp>` • `<time>, </time>` • `<ruby>, </ruby>` • `<rt>, </rt>` • `<rb>, </rb>` • `<bdi>, </bdi>` • `<bdo>, </bdo>` • ` , <wbr>` • `<del>, </del>` • `<ins>, </ins>` • `<span>, </span>`	• `<form>, </form>` • `<fieldset>, </fieldset>` • `<legend>, </legend>` • **`<label>, </label>`** • `<datalist>, </datalist>` • `<input>` • `<button>, </button>` • `<select>, </select>` • `<optgroup>, </optgroup>` • `<option>` • `<textarea>, </textarea>` • `<keygen>` • `<output>, </output>` • `<progress>, </progress>` • `<meter>, </meter>`	• `<h1>, </h1>` • `<h2>, </h2>` • `<h3>, </h3>` • `<h4>, </h4>` • `<h5>, </h5>` • `<h6>, </h6>` • `<p>, </p>` • `<pre>, </pre>` • `<blockquote>, </blockquote>` • `<figure>, </figure>` • `<figcaption>, </figcaption>` • `<ol>, </ol>` • `<ul>, </ul>` • `<dl>, </dl>` • `<li>, </li>` • `<dt>, </dt>` • `<dd>, </dd>` • `<hr>` • `<div>, </div>`

Tab. 4.2 (Fortsetzung)

Seitenstrukturierung	Multimedia und Grafiken	Skripte
• `<body>`, `</body>`	• `<img>`, `<picture>`	• `<script>`,
• `<header>`, `</header>`	• `<map>`, `</map>`	`</script>`
• `<nav>`, `</nav>`	• `<area>`	• `<noscript>`,
• `<aside>`, `</aside>`	• `<canvas>`, `</canvas>`	`</noscript>`
• `<main>`, `</main>`	• `<svg>`, `</svg>`	• `<canvas>`,
• `<section>`,	• `<math>`, `</math>`	`</canvas>`
`</section>`	• `<iframe>`, `</iframe>`	• `<content>`,
• `<article>`,	• `<embed>`	`</content>`
`</article>`	• `<object>`, `</object>`	• `<decorator>`,
• `<footer>`, `</footer>`	• `<param>`	`</decorator>`
• `<address>`,	• `<audio>`, `</audio>`	• `<element>`,
`</address>`	• `<video>`, `</video>`	`</element>`
	• `<source>`, `<track>`	• `<shadow>`,
		`</shadow>`
		• `<template>`,
		`</template>`

4.5 Formulare

Die Formular-Tags dienen dazu, Benutzereingaben zu erfassen und an den Server zurückzumelden.

Ein Eingabeformular kann und wird, wie in Listing 4.2 gezeigt, aus mehreren Eingabefeldern bestehen. Zusammengehörige Felder stehen zwischen `<form action="/DATEI-AUF-DEM-SERVER">` und `</form>`. Das Attribut `action` beim Starttag gibt an, welche Datei auf dem Server aufgerufen werden soll, wenn die Formulardaten abgeschickt werden. Das Attribut `method` gibt an, ob die Formulardaten per HTTP-Post übertragen werden sollen (`method="post"`) oder ob sie an die URL angehängt werden sollen (`method="get"`).

Einzelne Eingabefelder bestehen aus einem `label` und einem `input`. Dabei gibt `label` den Namen an, der dem Benutzer im Browser vor dem Feld angezeigt wird. Das Attribut `name` beim Tag `input` gibt den Schlüssel an, der zusammen mit dem vom Benutzer eingegebenen Wert als Schlüssel-Wert-Paar an den Server geschickt wird.

Listing 4.2 Beispiel für ein HTML-Formular

```
<h1>IP-Adresse oder Uhrzeit</h1>
<main role="main">
  <p>Sie können die eingegebenen Daten an ein Script
      senden. Dabei werden keine Daten
    gespeichert.</p>
  <form action="/extensions/Selfhtml/show-request-params.
      php" method="post"
  autocomplete="off">
    <label for="id_vorname">Vorname</label>
    <input id="id_vorname" name="vorname" maxlength="100"
        >
    <label for="id_name">Name</label>
    <input id="id_name" name="name" maxlength="100">
    <button name="Auswahl" value="0">IP-Adresse</button>
    <button name="Auswahl" value="1">Uhrzeit</button>
  </form>
</main>
```

Abb. 4.1 zeigt, wie der Code aus Listing 4.2 vom Browser gerendert wird und welche Daten beim Betätigen des linken
Submit-Buttons an den Server gesendet werden. Die ersten beiden
Schlüssel entsprechen den Namen der `input`-Tags. Der Schlüssel
`Auswahl` dagegen wurde bei den `button`-Tags spezifiziert.

Abb. 4.1 Beispiel `<form>`: Quellcode (*links*), Aussehen (*rechts*) und übertragene Daten (in der Box *rechts unten*) [17]

4.6   Analyse im Webbrowser

Praktisch alle modernen Webbrowser erlauben es, den Quelltext zur gerade angezeigten Seite anzuzeigen. Manche Browser verfügen sogar über komfortable Entwicklermenüs. Abb. 4.2 zeigt ein Beispiel: Dieser Browser zeigt zu Teilen der Webseite, die in der Darstellung markiert wurden, den entsprechenden Quellcode an.

Mit etwas Mühe ist es so möglich, die für die Programmierung eines Client-Programms wichtigen Dinge herauszufinden:

- Die Zeichenketten vor und nach den Daten, die vom Server abgerufen werden sollen.

  Damit ist es möglich, die vom Server geladene Datei nach diesen Zeichenketten abzusuchen, um die Nutzinformation zu extrahieren.

  Bei Webseiten, die intensiv Skriptsprachen wie JavaScript nutzen, kann das sehr mühsam werden. Allerdings ist es in diesem Fall wahrscheinlich, dass die interessanten Daten von einem Skript auf der Seite über einen speziellen Pfadnamen abgerufen werden und dann als kompakte, leicht einzulesende JSON-Datei übertragen werden.

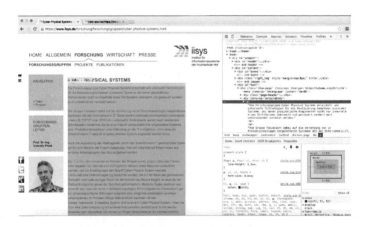

Abb. 4.2 Webseite in der Entwickleransicht des Chrome-Browsers

- Die Pfadnamen der relevanten Dateien/Webseiten auf dem Server.

  Diese Angaben finden sich im einfachsten Fall direkt in der URL-Zeile des Browsers. Alternativ lassen sie sich aus den <a>-Tags/Links auf der Seite ableiten. Manchmal werden Teile der Seite nachgeladen. Falls das die interessanten Teile sein sollten, muss der Quellcode nach den nachzuladenden Pfaden abgesucht werden.

- Der Pfadname und die Schlüsselnamen für Eingabefelder.

  Das ist besonders für per HTTP-Post übertragene Daten wichtig, da diese nicht in der URL-Zeile erscheinen.

4.7   Analyse mit Wireshark

In manchen Fällen, besonders bei komplexen Webseiten, kann es einfacher sein, statt des Quelltextes der Webseite den Datenaustausch mit dem Webserver zu beobachten.

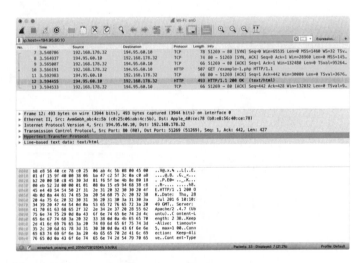

Abb. 4.3 Aufzeichnung der Datenübertragung zwischen Webbrowser und Webserver beim Aufruf einer Webseite

Dazu wählt man im Wireshark geeignete Filter und löst dann eine Datenübertragung zwischen Webbrowser und Webserver aus, beispielsweise durch eine Formulareingabe, einen Klick auf einen Link oder auf den Refresh-Button des Browsers. Im Wireshark-Mitschnitt kann man dann den Datenaustausch anzeigen lassen.

Abb. 4.3 zeigt einen solchen Mitschnitt eines Datenaustauschs zwischen einem Client mit der IP-Adresse 192.168.178.32 und einem Webserver mit der IP-Adresse 194.95.60.10 beim Abruf einer einfachen Webseite. Nach dem Verbindungsaufbau mit den Paketen 7, 8 und 9 sendet der Client mit Paket 10 eine GET-

Abb. 4.4 Folgen des TCP-Streams der Datenübertragung aus Abb. 4.3 mit einer GET-Anfrage und der Antwort des Servers mit HTML-Code der Webseite

Anfrage an den Server. Dieser bestätigt die empfangenen Daten in Paket `11` und antwortet auf die Anfrage mit Paket `12`. Nachdem der Client wiederum die empfangenen Daten mit Paket `13` bestätigt hat, ist der Datenaustausch zunächst abgeschlossen.

Folgt man dem TCP-Stream in Wireshark, wie in Abb. 4.4, lassen sich Aufbau und Inhalt der Anfrage des Clients und die vom Server übermittelte Antwort mit dem HTML-Code der angeforderten Webseite vollständig einsehen.

4.8   Beispiel: Zugriff auf den Webserver einer SPS (Teil 1)

Dieser Abschnitt stellt beispielhaft den Zugriff auf den Webserver einer Siemens 1500-SPS dar. Die Idee dahinter ist, dass der im Produkt integrierte Webserver (fast) ohne weitere Eingriffe in das Steuerprogramm der SPS Daten liefern kann, die durch ein selbst erstelltes Java-Programm abgerufen und weiterverarbeitet werden können.

Für das Beispiel wurde ein einfaches SPS-Projekt erstellt, das eine Variable im Sekundentakt hochzählt. Der aktuelle Wert der Variable wird auf einer Webseite angezeigt.

Abb. 4.5 zeigt diese Seite. Der Zählwert wird angezeigt und automatisch jede Sekunde aktualisiert. Über die Formularfelder unterhalb des Zählwertes kann der Wert des Zählers gesetzt bzw. der Zähler zurückgesetzt werden.

Um nun diese Webseite aus einem eigenen Programm zu nutzen, muss das Programm an die Webseite angepasst werden.

In unserem Fall sind dazu zwei Probleme zu lösen:

Einerseits muss die Struktur der eigentlichen Webseite, also `http://10.50.80.18/awp/Zaehler/Zaehler.html` analysiert werden. In unserem Fall ist das nicht allzu schwierig, weil wir diese Anwendung ja selbst erstellt haben.

Andererseits kann diese Seite nur abgerufen werden, nachdem sich der Benutzer an der SPS angemeldet hat. Hier haben wir keine Kontrolle über die Funktionalität. Wir müssen das verwenden, was die Webseite vorgibt. Abb. 4.6 zeigt die Login-Aufforderung,

Abb. 4.5 Die Webseite des SPS-Projektes nach erfolgreichem Login

die erscheint, wenn wir ohne vorherige Anmeldung die Webseite aufrufen wollen.

Wir können nun entweder den Quellcode oder die Kommunikation des Webbrowsers mit dem Server analysieren.

4.8.1 Der Quellcode

Das Loginformular

Abb. 4.6 zeigt rechts den Quellcode für die Login-Seite in der Entwickleransicht von Chrome.

Zum Glück bietet der Browser eine Funktion, um den HTML-Code anzuzeigen, der zu einzelnen Elementen der Webseite gehört. Damit finden wir relativ schnell den Formularcode in Abb. 4.7. Die für den Programmierer wesentlichen Punkte finden sich an den hervorgehobenen Stellen:

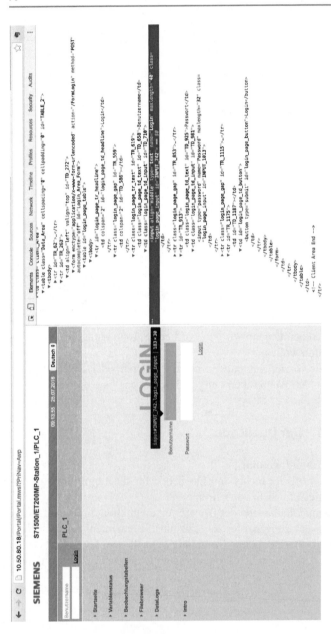

Abb. 4.6 Die Webseite des SPS-Projektes ohne Login

```
298    <tr id="TR_263">[]
299      <td align="left" valign="top" id="TD_272">[]
300        <form enctype="application/x-www-form-urlencoded" action="/FormLogin"
  method="POST" autocomplete="off" id="Login_Area_Form">[]
301          <table id="login_page_table">[]
302            <tr id="login_page_tr_headline">[]
303              <td colspan="2" id="login_page_td_headline">Login</td>[]
304            </tr>[]
305            <tr class="login_page_gap" id="TR_559"><td colspan="2" id="TD_586"></td>
  </tr>
306            <tr class="login_page_tr_text" id="TR_619">
307
                <td class="login_page_td_text" id="TD_658">Benutzername</td>[]
308                <td class="login_page_td_input" id="TD_710"><input align="middle"
  type="text" name="Login" maxlength="40" class="login_page_input" id="INPUT_742"></td>[]
309            </tr>[]
310            <tr class="login_page_gap" id="TR_853"><td colspan="2" id="TD_880"></td>
  </tr>
311            <tr id="TR_913">[]
312              <td class="login_page_td_text" id="TD_925">Passwort</td>[]
313              <td class="login_page_td_input" id="TD_981"><input type="password"
  name="Password" maxlength="32" class="login_page_input" id="INPUT_1013"></td>[]
314            </tr>[]
315            <tr class="login_page_gap" id="TR_1115"><td colspan="2" id="TD_1142"></td>
  </tr>
316            <tr id="TR_1175">[]
317              <td id="TD_1187"></td>[]
318              <td id="login_page_td_button"><button type="submit"
  id="login_page_button">Login</button></td>[]
319            </tr>[]
320          </table>[]
321        </form>[]
322      </td>[]
323    </tr>[]
```

Abb. 4.7 Der Quellcode zum Loginformular aus Abb. 4.6

- `action="/FormLogin"` gibt an, welcher Pfad auf dem Server zu verwenden ist.
- `method="POST"` legt die Methode zur Übertragung der Formulardaten fest.
- `name="Login"` gibt den Namen des Schlüssel-Wert-Paares an, in dem der Benutzername übergeben wird, `name="Password"` den für das Passwort.

Damit ist klar, dass für die Anmeldung an der Webseite ein POST-Request mit den beiden Schlüssel-Wert-Paaren `Login="Benutzername"` und `Password="Passwort"` nötig ist, wobei statt `Benutzername` ein gültiger Benutzername und statt `Passwort` ein gültiges Passwort übertragen werden müssen.

Die Anzeige des Zählerstands Abb. 4.8 zeigt den Quellcode zur Anzeige des Zählerstandes.

Der Quellcode ist leider etwas kompliziert ausgefallen. Die Seite besteht eigentlich aus zwei HTML-Dateien:

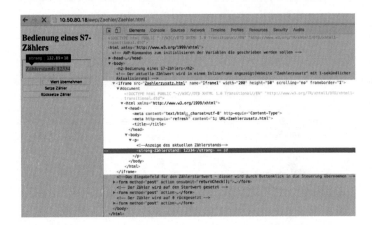

Abb. 4.8 Der Quellcode zur Anzeige des Zählerstands aus Abb. 4.5

Die in der URI sichtbare `Zaehler.html` zeigt das Formular
zur Eingabe eines Wertes und zum Setzen bzw. Rücksetzen
des Zählers an. In einem `iframe` bindet sie eine weitere Datei
`Zaehlerzusatz.html` ein (hervorgehobener Teil von Abb. 4.8).

Diese Datei zeigt den eigentlichen Zählerstand an. Der Meta-
Tag `<meta http-equiv="refresh""content="1; URL=Zaehler
zusatz.html">` veranlasst den Browser, diese Datei jede Sekunde
neu zu laden. Damit wird das `iframe` mit dem Zählerstand jede
Sekunde neu geladen, ohne dass eventuelle Formulareingaben in
`Zaehler.html` durch den Refresh überschrieben werden.

4.8.2 Die Kommunikation

Die Abb. 4.6 und 4.8 zeigen, dass es teilweise ziemlich mühsam
sein kann, die relevanten Teile des HTML-Codes zu finden. In
diesem Abschnitt wollen wir statt des Quellcodes die Kommunikation zwischen dem Webbrowser und dem Server analysieren.
Dazu schneiden wir mit Wireshark den Netzwerkverkehr zwischen Browser und Webserver beim Abruf der Seite mit. Um
nicht zu viele fremde Pakete ausfiltern zu müssen, wählen wir

mit dem Capture-Filter `host 10.50.80.18` nur die Pakete aus, die vom Webserver kommen bzw. zum Webserver gehen.

Das Loginformular   Abb. 4.9 zeigt wie der Browser nach Eingabe von Benutzernamen und Passwort die Daten per `POST`-Request an den Server sendet (rot hinterlegte Schrift).

Der Post-Request bezieht sich auf `/FormLogin` und enthält die beiden Schlüssel-Wert-Paare `Login=student&Password=geheim`.

Der Server antwortet (blau hinterlegte Schrift) und setzt ein Cookie:

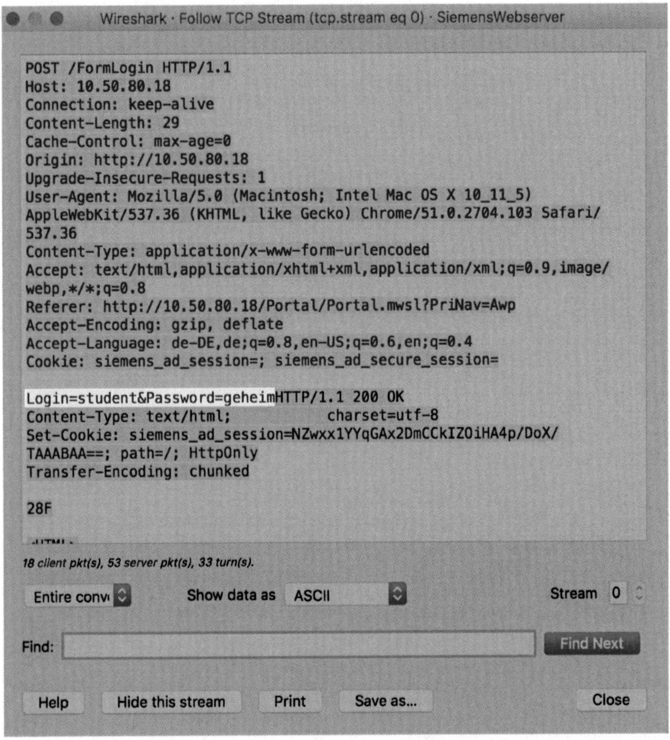

```
●●●        Wireshark · Follow TCP Stream (tcp.stream eq 0) · SiemensWebserver

POST /FormLogin HTTP/1.1
Host: 10.50.80.18
Connection: keep-alive
Content-Length: 29
Cache-Control: max-age=0
Origin: http://10.50.80.18
Upgrade-Insecure-Requests: 1
User-Agent: Mozilla/5.0 (Macintosh; Intel Mac OS X 10_11_5)
AppleWebKit/537.36 (KHTML, like Gecko) Chrome/51.0.2704.103 Safari/
537.36
Content-Type: application/x-www-form-urlencoded
Accept: text/html,application/xhtml+xml,application/xml;q=0.9,image/
webp,*/*;q=0.8
Referer: http://10.50.80.18/Portal/Portal.mwsl?PriNav=Awp
Accept-Encoding: gzip, deflate
Accept-Language: de-DE,de;q=0.8,en-US;q=0.6,en;q=0.4
Cookie: siemens_ad_session=; siemens_ad_secure_session=

Login=student&Password=geheimHTTP/1.1 200 OK
Content-Type: text/html;          charset=utf-8
Set-Cookie: siemens_ad_session=NZwxx1YYqGAx2DmCCkIZOiHA4p/DoX/
TAAABAA==; path=/; HttpOnly
Transfer-Encoding: chunked

28F

.HTML.

18 client pkt(s), 53 server pkt(s), 33 turn(s).

Entire conve⌄     Show data as   ASCII  ⌄           Stream  0 ⌃

Find:                                                        Find Next

Help      Hide this stream      Print      Save as...          Close
```

Abb. 4.9 Datenverkehr zwischen Browser und Server beim Login

```
Cookie: coming_from_login=false;
siemens_ad_secure_session=;
siemens_ad_session=NZwxx1YYqGAx2DmCCkIZOiHA4p/DoX/TAAABAA
    ==
```

Die Anzeige des Zählerstands Beim folgenden Abruf der Zählerseite in Abb. 4.10 meldet sich der Browser mit diesem Cookie an und bekommt Zugriff auf die Seiten. Der übertragene Quellcode entspricht dem in Abb. 4.8 gezeigten Formularcode.

Abb. 4.10 Datenverkehr zwischen Browser und Server bei Abruf der Zählerseite (Teil 1)

Nach dem ersten, manuell angestoßenen Seitenabruf ruft der Browser periodisch den eigentlichen Zählerstand ab (Abb. 4.11). Der Zählerstand ist hier klar zu erkennen.

```
Wireshark · Follow TCP Stream (tcp.stream eq 0) · SiemensWebserver

GET /awp/Zaehler/Zaehlerzusatz.html HTTP/1.1
Host: 10.50.80.18
Connection: keep-alive
Upgrade-Insecure-Requests: 1
User-Agent: Mozilla/5.0 (Macintosh; Intel Mac OS X 10_11_5) AppleWebKit/
537.36 (KHTML, like Gecko) Chrome/51.0.2704.103 Safari/537.36
Accept: text/html,application/xhtml+xml,application/xml;q=0.9,image/
webp,*/*;q=0.8
Referer: http://10.50.80.18/awp/Zaehler/Zaehler.html
Accept-Encoding: gzip, deflate, sdch
Accept-Language: de-DE,de;q=0.8,en-US;q=0.6,en;q=0.4
Cookie: coming_from_login=false; siemens_ad_secure_session=;
siemens_ad_session=NZwxx1YYqGAx2DmCCkIZOiHA4p/DoX/TAAABAA==

HTTP/1.1 200 OK
Content-Type: text/html
Transfer-Encoding: chunked

1D3
<!DOCTYPE html PUBLIC "-//W3C//DTD XHTML 1.0 Transitional//EN" "http://
www.w3.org/TR/xhtml1/DTD/xhtml1-transitional.dtd">
<html xmlns="http://www.w3.org/1999/xhtml">

<head>
<meta content="text/html; charset=utf-8" http-equiv="Content-Type" />
<meta http-equiv="refresh" content="1; URL=Zaehlerzusatz.html"/>
<title></title>
</head>

<body>
<p>
<!--Anzeige des aktuellen Zählerstands-->
<strong>Zählerstand: 10096</strong>
</p>
</body>

</html>
```

Abb. 4.11 Datenverkehr zwischen Browser und Server bei Abruf der Zähler-seite (Teil 2)

Übungsaufgaben

(Lösungsvorschläge in Abschn. A.3)

4.1 Ermitteln der eigenen IP-Adresse
Bestimmen Sie den Namen der in Ihrem Rechner aktiven Netzwerkkarte und deren IP-Adresse.

Hintergrund Neben dem Weg über die grafische Benutzerober-
fläche kann diese Frage auch über diverse, je nach Betriebssystem
unterschiedliche Kommandos auf der Eingabeaufforderung beantwortet werden.

Windows: `ipconfig`
Mac-OSX: `ifconfig`
Linux: `ifconfig`

Der Weg über die Eingabeaufforderung hat den Vorteil, dass
dort im Allgemeinen dieselben Bezeichner erscheinen, die auch
Wireshark verwendet.

4.2 Analyse eines Netzwerk-Pings mit Wireshark
Schneiden Sie den Datenverkehr eines Netzwerk-Pings mit:

1. Machen Sie dazu über Ihre Konsole (Eingabeaufforderung
   bzw. Terminalfenster) einen Ping auf eine gültige IP-Adresse.
2. Suchen Sie die entsprechenden Netzwerkpakete in Wireshark!
   Nutzen Sie dabei Display-Filter und ggfs. auch Capture-Filter.
3. Welches Protokoll wird verwendet?
4. Wie groß sind die einzelnen Datenpakte?
5. Welche Nutzdaten werden transportiert?

4.3 Abrufen einer Webseite

1. Rufen Sie die Webseite http://angewnwt.hof-university.de/
   example-1.php auf und lassen Sie den Datenverkehr durch
   Wireshark mitschneiden.

2. Setzen Sie Capture-Filter und Anzeigefilter ein, um die Pakete mit der Anfrage an den Server und die Serverantwort zu finden.
3. Wählen Sie ein geeignetes Datenpaket aus und wählen Sie „Folgen" aus dem Kontextmenü, um die Kommunikation als TCP-Stream anzuzeigen.
4. Wo steht die Nutzinformation?

4.4 Analyse des HTML-Codes

1. Rufen Sie die Webseite http://angewnwt.hof-university.de/ example-1.php auf und betrachten Sie den Quelltext im Browser.
2. Wo steht die Nutzinformation?

4.5 Übertragen von Formulareingaben an den Server

1. Rufen Sie die Webseite http://angewnwt.hof-university.de/ example-3.php auf, geben Sie eine Zahl in das Formular ein und senden Sie diese an den Server.
2. Setzen Sie Capture-Filter und Anzeigefilter ein, um die Pakete zu finden, in denen die Daten an den Server übertragen werden.
3. Wählen Sie ein geeignetes Datenpaket aus und wählen Sie „Folgen" aus dem Kontextmenü, um die Kommunikation als TCP-Stream anzuzeigen (vgl. Abb. 2.10).
4. Welche Daten werden an den Server übertragen?
5. Wie heißt die Seite, an die die Daten übertragen werden?
6. Mit welcher Methode werden die Formulardaten übertragen?

Protokolle: HTTP 5

Zusammenfassung

Dieses Kapitel stellt zunächst Protokolle im Allgemeinen vor.
Als erstes Standardprotokoll wird HTTP vorgestellt. Für den
Einsatz von HTTP in Java wird die Bibliothek HTTPClient
dargestellt.

5.1 Protokolle im Allgemeinen

Wie wir in den Kap. 3 und 4 gesehen haben, beschreiben Dateiformate die Anordnung und Codierung der einzelnen Datenpunkte
in einem Bytestrom. Auf dieser Grundlage können also Datenpunkte in einen Bytestrom oder ein Bytestrom in Datenpunkte im
Speicher umgewandelt werden. Der zeitliche Ablauf des Datenaustausches wird dabei nicht abgedeckt.

Dieser Aspekt der Kommunikation wird durch ein Kommunikationsprotokoll beschrieben. Ein Protokoll legt fest, welche
Anfragen bzw. Befehle von einem Partner zum anderen geschickt
werden können und welche Antworten möglich sind. Die Codierung von Befehlen und Antworten ist streng genommen eine Art
Dateiformat, wird aber meist ebenfalls im Protokoll festgelegt.

Abschn. 1.3.1 hat das am Beispiel eines Telefongesprächs veranschaulicht. Nach dem Verbindungsaufbau, der ebenfalls Teil

© Springer Fachmedien Wiesbaden GmbH, ein Teil von Springer Nature 2019   79
V. Plenk, *Angewandte Netzwerktechnik kompakt*, IT kompakt,
https://doi.org/10.1007/978-3-658-24523-8_5

des Protokolls ist, kann der Anrufer einen Namen übertragen. Der Angerufene liefert dann die Telefonnummer. Abb. 5.1 stellt das Zusammenspiel der beiden Teilnehmer als zwei miteinander vernetzte Zustandsdiagramme dar.

Die Zustände „Warte auf Anruf" und „Anrufen" stellen jeweils den Startpunkt dar. Wenn die Verbindung aufgebaut ist, kann der Anrufer Anfragen an die Auskunft schicken. Die Auskunft verzweigt entsprechend dem empfangenen Kommando in einen Zustand bzw. eine Zustandsfolge, die die Anfrage bearbeitet.

Bei der Fehlerbehandlung ist dabei zu beachten, dass der Anrufer nur den Fehler signalisiert, die Anfrage aber nicht wiederholt. Die Auskunft merkt sich diese durch den eingenommenen Zustand. Damit handelt es sich um ein zustandsbehaftetes Protokoll. Das bedeutet, dass die Kommunikationspartner sich merken müssen, welche Anfragefolge eingegangen ist, und abhängig von vergangenen Anfragen unterschiedlich reagieren.

Im zwischenmenschlichen Umgang ist so etwas unverzichtbar, technisch bringt es meist mehr Probleme als Nutzen. Hier werden zustandslose Protokolle bevorzugt. Bei unserem Beispiel wäre das einfach umzusetzen, indem der Anrufer im Fehlerfall die Anfrage wiederholt.

5.2 Das Protokoll HTTP

Das Hypertext Transfer Protocol (HTTP) ist ein zustandsloses Protokoll zur Übertragung von Daten auf der Anwendungsschicht über ein Rechnernetz. Es wird hauptsächlich eingesetzt, um Webseiten (Hypertext-Dokumente) aus dem World Wide Web (WWW) in einen Webbrowser zu laden.

Das Protokoll dient dabei der Übertragung von Daten bzw. Dateien vom und zum Server. Die Darstellung der Webseiten im Browser beruht dagegen auf dem Dateiformat HTML.

HTTP ist nicht darauf festgelegt, nur HTML-Dokumente zu übertragen, sondern auch als allgemeines Dateiübertragungsprotokoll sehr verbreitet. Es ist beispielsweise Grundlage des auf Dateiübertragung spezialisierten Protokolls WebDAV. Zur Kom-

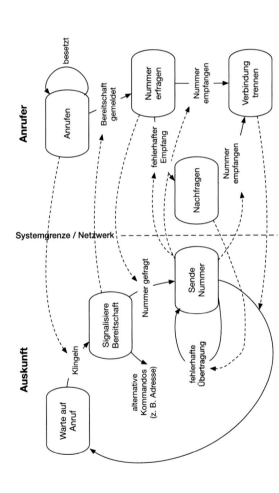

Abb. 5.1 Kommunikation zwischen Auskunft und Anrufer als Zustandsdiagramm

Die *gestrichelten Linien* stellen Nachrichten dar, die über das Netzwerk zwischen den beiden Systemen Auskunft und Anrufer ausgetauscht werden

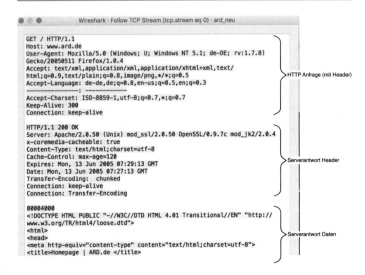

```
● ● ●           Wireshark · Follow TCP Stream (tcp.stream eq 0) · ard_neu

GET / HTTP/1.1
Host: www.ard.de
User-Agent: Mozilla/5.0 (Windows; U; Windows NT 5.1; de-DE; rv:1.7.8)
Gecko/20050511 Firefox/1.0.4
Accept: text/xml,application/xml,application/xhtml+xml,text/
html;q=0.9,text/plain;q=0.8,image/png,*/*;q=0.5                     ⎫HTTP Anfrage (mit Header)
Accept-Language: de-de,de;q=0.8,en-us;q=0.5,en;q=0.3
----------------:  ---------
Accept-Charset: ISO-8859-1,utf-8;q=0.7,*;q=0.7
Keep-Alive: 300
Connection: keep-alive

HTTP/1.1 200 OK
Server: Apache/2.0.50 (Unix) mod_ssl/2.0.50 OpenSSL/0.9.7c mod_jk2/2.0.4
x-coremedia-cacheable: true
Content-Type: text/html;charset=utf-8
Cache-Control: max-age=120
Expires: Mon, 13 Jun 2005 07:29:13 GMT                             ⎫Serverantwort Header
Date: Mon, 13 Jun 2005 07:27:13 GMT
Transfer-Encoding:  chunked
Connection: keep-alive
Connection: Transfer-Encoding

00004000
<!DOCTYPE HTML PUBLIC "-//W3C//DTD HTML 4.01 Transitional//EN" "http://
www.w3.org/TR/html4/loose.dtd">
<html>                                                             ⎫Serverantwort Daten
<head>
<meta http-equiv="content-type" content="text/html;charset=utf-8">
<title>Homepage | ARD.de </title>
```

Abb. 5.2   HTTP-Request

munikation ist HTTP auf ein zuverlässiges Transportprotokoll angewiesen, wofür in nahezu allen Fällen TCP verwendet wird.

HTTP hat große Bedeutung, weil praktisch alle Sicherheitssysteme, die im Netzwerkbereich eingesetzt werden, dieses Protokoll kennen und die zugehörigen Pakete passieren lassen. Anwendungen, die auf diesem Protokoll aufbauen, können also meist ohne weitere Einstellungen Daten durch das Sicherheitssystem transportieren.

HTTP ist ein ziemlich textlastiges Protokoll, das sich eher an menschlichen Lesegewohnheiten als an Computerbedürfnissen orientiert. Abb. 5.2 zeigt ein Beispiel.

HTTP kennt eine Reihe von Kommandos, die der Client an den Server schicken kann. Das Protokoll bezeichnet dies als Anfragen. Der Server antwortet nur auf diese Anfragen und nimmt nicht von sich aus Kontakt zum Client auf.

Im Folgenden werden die zwei wichtigsten Anfragemethoden vorgestellt.

5.3 GET und POST

GET   ist die gebräuchlichste Methode. Mit ihr wird eine Res-
      source (zum Beispiel eine Datei) unter Angabe einer URI
      vom Server angefordert.
      Als Argumente in der URI können auch Inhalte zum Ser-
      ver übertragen werden – beispielsweise Benutzername und
      Passwort. Allerdings soll laut Standard eine GET-Anfrage
      nur Daten abrufen und sonst keine Auswirkungen haben
      (wie Datenänderungen auf dem Server oder ausloggen).
      Die Länge der URIs ist je nach eingesetztem Server be-
      grenzt und sollte aus Gründen der Abwärtskompatibilität
      nicht länger als 255 Bytes sein.
POST schickt je nach physikalischer Ausstattung des eingesetz-
      ten Servers unbegrenzte Mengen an Daten zur weiteren
      Verarbeitung zum Server, diese werden als Inhalt der
      Nachricht übertragen und können beispielsweise aus
      Schlüssel-Wert-Paaren bestehen, die aus einem HTML-
      Formular stammen.
      Auch bei dieser Art der Übermittlung können wie bei der
      GET-Methode Argumente in der URI an den Server über-
      tragen werden.

HTTP ist ein zustandsloses Protokoll. Informationen aus früheren Anforderungen gehen verloren. Aus Sicht von Server und
Client ist jede Anfrage eine neue Anfrage ohne Bezug zu vorhe-
rigen Anfragen.

5.4 Cookies

Durch Cookies ist es möglich, einen Bezug zwischen aufeinan-
derfolgenden Anfragen herzustellen.
    Über Cookies in den Header-Informationen können Anwen-
dungen realisiert werden, die Statusinformationen (Benutzerein-
träge, Warenkörbe) zuordnen können. So werden Anwendungen
möglich, die Status- beziehungsweise Sitzungseigenschaften er-
fordern.

5.5 Authentifizierung und Verschlüsselung

Auch eine Benutzerauthentifizierung ist möglich. Dabei gibt es
ein im HTTP-Standard definiertes Verfahren, aber auch Ansätze,
bei denen der Server nach der Authentifizierung des Benutzers –
also nach Eingabe von Benutzername und Passwort – ein Cookie
setzt, das dann vom Client bei den weiteren Anfragen übermittelt
wird.

Normalerweise kann die Information, die über HTTP übertragen wird, auf allen Rechnern und Routern gelesen werden, die
im Netzwerk durchlaufen werden. Der Standard HTTPS schafft
hier Abhilfe, indem er die HTTP-Daten vor der Übertragung per
TCP/IP verschlüsselt. Wireshark und andere Teilnehmer im Netzwerk sind dann zwar noch in der Lage, die Pakete zu sehen, können aber den Inhalt nicht erkennen, da dieser verschlüsselt übertragen wird.

5.6 Zugriff in Java

5.6.1 Die Bibliothek `HTTPClient`

Für den Zugriff auf HTTP aus Java empfiehlt sich eine Bibliothek.
Hier wird `HTTPClient` eingesetzt[1]. Es handelt sich um eine Open-
Source-Bibliothek, die unter http://hc.apache.org abrufbar ist.

Um die Datei in ein Eclipseprojekt einzubinden, laden Sie sie
in gezippter Form herunter und entpacken Sie die Bibliothek in
ein beliebiges Verzeichnis. Die ZIP-Datei enthält auch Dokumentation und Beispiele. Die einzubindenden JAR-Dateien befinden
sich im Unterverzeichnis *lib* (Abb. 5.3).

Fügen Sie diese Dateien wie in Abb. 3.1 gezeigt zum Buildpath
hinzu.

---

[1] Im Standardumfang von Java gibt es mit `HttpURLConnection` eine einfa-
chere Bibliothek für den Zugriff auf HTTP. Diese Bibliothek wird hier nicht
verwendet, weil zusätzliche Programmierung für das Handling von Cookies
und anderen Diensten erforderlich wäre.

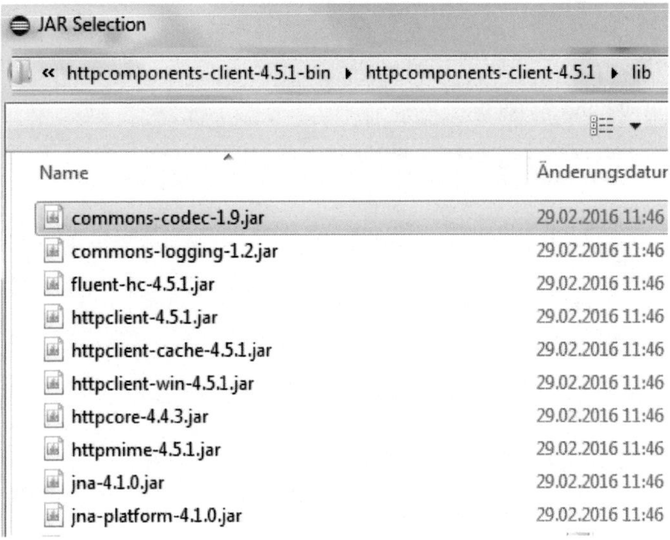

Abb. 5.3 Die für `HTTPClient` einzubindenden Jar-Files

Im Quellcode der aufrufenden Klasse ist außerdem ein Verweis auf die Bibliothek hinzuzufügen:

```
import org.apache.http.HttpEntity;
import org.apache.http.NameValuePair;
import org.apache.http.client.entity.UrlEncodedFormEntity
    ;
import org.apache.http.client.methods.
    CloseableHttpResponse;
import org.apache.http.client.methods.HttpGet;
import org.apache.http.client.methods.HttpPost;
import org.apache.http.impl.client.CloseableHttpClient;
import org.apache.http.impl.client.HttpClients;
import org.apache.http.message.BasicNameValuePair;
import org.apache.http.util.EntityUtils;
```

Damit können die Klassen und Methoden der Bibliothek im Projekt verwendet werden.

5.6.2 Eine Get-Anfrage

Um auf einen HTTP-Server zuzugreifen, muss zunächst ein Client erzeugt werden

```
CloseableHttpClient httpclient = HttpClients.
   createDefault();
```

Danach wird eine entsprechende Anfrage erzeugt – im Allgemeinen eine GET-Anfrage – und ausgeführt

```
HttpGet httpGet = new HttpGet("http://angewnwt.hof-
   university.de/Kapitel/Kap-4/zuWebserver/example-1.php
   ");
CloseableHttpResponse response = httpclient.execute(
   httpGet);
```

Das Ergebnis der Anfrage ist eine `CloseableHttpResponse`. Dieses Objekt kapselt sowohl das eigentliche Ergebnis der Anfrage, also die Datei, als auch Informationen des Protokolls. Dabei kann man folgende Informationen unterscheiden:

1. Den Status, also Fehlercodes etc. Diese Information kann über `StatusLine getStatusLine()` abgerufen werden.
   In Abb. 5.2 ist das die Zeile über dem Header.
2. Die Header der Antwort. Abb. 5.2 zeigt beispielhaft einige Header. Hier werden u. a. auch Cookies übertragen.
   Diese Information kann beispielsweise über

   ```
   Header[] getAllHeaders()
   ```

   abgerufen werden.
3. Die abgerufene Datei. Diese Information ist wiederum in einem Objekt des Typs `HttpEntity` gekapselt und kann über `HttpEntity getEntity()` abgerufen werden.
   `HttpEntity` stellt über die Methode `InputStream getContent()` einen Stream zur Verfügung, aus dem die Datei gelesen werden kann. Durch den Stream ist es nicht nötig, die übertragenen Dateien, die beliebig groß sein können, in einem (String-)Objekt zu kapseln, das komplett im Speicher gehalten werden müsste.

Der folgende Codeausschnitt gibt zunächst die Statuszeile auf die Konsole aus, liest danach zeilenweise die Datei aus, die der Server liefert, und gibt die Zeilen ebenfalls auf die Konsole aus.

```
System.out.println(response.getStatusLine());
HttpEntity entity = response.getEntity();

String myLine;
BufferedReader myReader = new BufferedReader(new
    InputStreamReader(entity.getContent()));
while((myLine = myReader.readLine()) != null) {
  System.out.println(myLine);
}
```

Zum Schluss sollten die Ressourcen freigegeben werden, die für die Verbindung belegt wurden.

```
EntityUtils.consume(entity);
response.close();
```

5.6.3 Eine Post-Anfrage

Analog zur Get-Anfrage kann auch eine Post-Anfrage durchgeführt werden. Hierbei werden Parameter an den Server übertragen. Diese Parameter haben die Form von Schlüssel-Wert-Paaren.
Dazu wird zunächst ein Anfrageobjekt erzeugt:

```
HttpPost httpPost=new HttpPost("http://angewnwt.hof-
    university.de/Kapitel/Kap-4/zuWebserver/login.php");
```

Danach wird eine Liste mit zwei Schlüssel-Wert-Paaren gebildet und an das Objekt angehängt.

```
List <NameValuePair> nvps = new ArrayList <NameValuePair
    >();
nvps.add(new BasicNameValuePair("username", "Hans"));
nvps.add(new BasicNameValuePair("password", "Wurscht"));
httpPost.setEntity(new UrlEncodedFormEntity(nvps));
```

Die eigentliche Anfrage wird wie die Get-Anfrage ausgeführt.

```
CloseableHttpResponse response = httpclient.execute(
    httpPost);
```

Die Antwort des Servers wird dann genauso gekapselt und abgerufen wie bei der Get-Anfrage.

```
System.out.println(response.getStatusLine());
HttpEntity entity = response.getEntity();

String myLine;
BufferedReader myReader = new BufferedReader(new
    InputStreamReader(entity.getContent()));
while((myLine = myReader.readLine()) != null) {
  System.out.println(myLine);
}
EntityUtils.consume(entity);
response.close();
```

5.7 Beispiel: Zugriff auf den Webserver einer SPS (Teil 2)

Dieser Abschnitt zeigt die programmtechnische Umsetzung des Zugriffs auf den Webserver einer Siemens 1500-SPS. Die Struktur der abzurufenden Webseiten haben wir in Abschn. 4.8 analysiert.

5.7.1 Die Anmeldung

Unser Programm muss sich zunächst am Webserver der SPS anmelden, um dann die Seiten abzurufen. Dazu erzeugen wir einen Post-Request und senden ihn an den Server.

```
// Anmelden durch POST des Passworts
System.out.println("=====================\nPOST_Login");
HttpPost httpPost = new HttpPost("http://10.50.80.18/
    FormLogin.php");
List <NameValuePair> nvps = new ArrayList <NameValuePair
    >();
nvps.add(new BasicNameValuePair("Login", "student"));
nvps.add(new BasicNameValuePair("Password", "geheim"));
httpPost.setEntity(new UrlEncodedFormEntity(nvps));
CloseableHttpResponse response1 = httpclient.execute(
    httpPost);
```

```
System.out.println(response1.getStatusLine());
HttpEntity entity1 = response1.getEntity();
// Antwort ist irrelevant und wird deswegen nicht gelesen
EntityUtils.consume(entity1);
response1.close();
```

Das Programm enthält keinen expliziten Code zur Behandlung des Cookies, da die verwendete Bibliothek das kapselt. Die Cookies werden dabei im Speicher gehalten und nicht auf der Platte gespeichert, so dass beim Beenden des Programms alle Cookies verloren gehen.

5.7.2 Der Zählerstand

Nach der Anmeldung kann die eigentliche Nutzinformation, also der Zählerstand in `Zaehlerzusatz.html` abgerufen werden.

Dazu wird zunächst die Webseite per Get-Request abgerufen.

```
// GET der benutzerdefinierten Webseite (nach Anmeldung)
System.out.println("====================\nGET␣nach␣
    Anmeldung");
HttpGet httpGet = new HttpGet("http://10.50.80.18/awp/
    Zaehler/Zaehlerzusatz.html");

response1 = httpclient.execute(httpGet);
System.out.println(response1.getStatusLine());
```

Die Seite wird dann Zeile für Zeile gelesen, bis sich eine Zeile findet, die mit `Zählerstand:` beginnt.

```
entity1 = response1.getEntity();
InputStream httpStream  = entity1.getContent();
InputStreamReader httpStreamReader = new
    InputStreamReader(httpStream);
BufferedReader httpBufferedReader = new BufferedReader(
    httpStreamReader);

// Zeile mit dem Zählerstand suchen
String httpLine;
while((httpLine = httpBufferedReader.readLine()) != null)
    {
  if(httpLine.contains("Zählerstand:")) {
```

```
   // die eigentlichen Ziffern aus der Zeile
      ausschneiden
   // siehe unten
  }
}
httpBufferedReader.close();
EntityUtils.consume(entity1);
response1.close();
```

In dieser Zeile steht der Zählerstand zwischen `Zählerstand:` und
`</strong>`. Die Ziffern werden aus der Zeile ausgeschnitten und
in einen Integer umgewandelt.

```
   // die eigentlichen Ziffern aus der Zeile
      ausschneiden
   int startZaehler = httpLine.indexOf("Zählerstand:") +
      "Zählerstand:".length();
   int endeZaehler = httpLine.indexOf("</strong>") - 1;
   String standAlsString = httpLine.substring(
      startZaehler, endeZaehler);
   standAlsString = standAlsString.trim();
   // und in int umwandeln
   int zaehlerstand = Integer.parseInt(standAlsString);
   System.out.println("Zaehlerstand: " + zaehlerstand);
```

5.8 Beispiel Studentenverwaltung – Abrufen einer JSON-Datei

Als Antwort auf einen Request liefert der HTTP-Server einen
Stream bzw. eine Datei aus. Welche Datei das ist, wird über den
Path-Teil der URI angegeben. Das Dateiformat ist dabei weitgehend gleichgültig. Der Server könnte also auch eine JSON-Datei
ausliefern, die dann vom empfangenden Programm interpretiert
wird.

Unser Server bietet eine JSON-Datei zum Download an. Mit

```
HttpGet httpGet = new HttpGet("http://angewnwt.hof-
    university.de/Kapitel/Kap-3/JSON-Datei");
CloseableHttpResponse response = httpClient.execute(
    httpGet);
HttpEntity entity = response.getEntity();
InputStream httpStream = entity.getContent();
```

wird ein Stream erzeugt, über den die Datei abgerufen werden kann.

Die Codezeilen

```
InputStreamReader isr = new InputStreamReader(
    httpStream,"UTF-8");
Student[] geleseneStudenten;
Gson gson = new GsonBuilder().create();
geleseneStudenten = gson.fromJson(isr,Student[].class);
```

übergeben den Stream an den JSON-Parser aus Kap. 3, der im Speicher die aus Abschn. 2.1 bekannte Struktur aufbaut.

Listing 5.1 zeigt den gesamten Code zum Abrufen und Parsen der Datei.

Listing 5.1 Klasse zum Abruf einer JSON-Datei vom Server

```
import java.io.IOException;
import java.io.InputStream;
import java.io.InputStreamReader;

import org.apache.http.HttpEntity;
import org.apache.http.client.ClientProtocolException;
import org.apache.http.client.HttpClient;
import org.apache.http.client.methods.
    CloseableHttpResponse;
import org.apache.http.client.methods.HttpGet;
import org.apache.http.impl.client.CloseableHttpClient;
import org.apache.http.impl.client.HttpClients;
import org.apache.http.util.EntityUtils;

import com.google.gson.Gson;
import com.google.gson.GsonBuilder;

public class HTTP_GET_JSON {

  public static void main(String[] args) throws
      ClientProtocolException, IOException {
    // HTTP Client erzeugen
    CloseableHttpClient httpClient = HttpClients.
      createDefault();
```

```java
// GET Request auf Server mit JSON-Datei
HttpGet httpGet = new HttpGet("http://angewnwt.hof-
    university.de/Kap-3/JSON-Datei");

CloseableHttpResponse response = httpClient.execute(
    httpGet);

// Server-Meldung ausgeben
System.out.println(response.getStatusLine());

// Stream auf JSON-Datei erstellen
HttpEntity entity = response.getEntity();
InputStream httpStream = entity.getContent();

InputStreamReader isr = new InputStreamReader(
    httpStream,"UTF-8");

// HTTP-Stream durch GSON parsen lassen
Student[] geleseneStudenten;
Gson gson = new GsonBuilder().create();
geleseneStudenten = gson.fromJson(isr,Student[].class
    );

isr.close();
httpStream.close();

// gelesene Daten auf Konsole ausgeben
String toWrite;
if(geleseneStudenten != null) {
  toWrite = String.format("%d",geleseneStudenten.
      length );
  // Elemente mit ; und Leerzeichen trennen
  toWrite += "; ";
  // Text als Zeile schreiben
  toWrite += "\n";
  System.out.print(toWrite);

  for(int i=0; i < geleseneStudenten.length; i++) {
    // neuen Text beginnen
    toWrite = String.format("%d; %s; ",
        geleseneStudenten[i].matrikelNummer,
        geleseneStudenten[i].name);
    if(geleseneStudenten[i].leistungen != null) {
```

```java
        // Text ergaenzen
        toWrite += String.format("%d;_",
            geleseneStudenten[i].leistungen.length);

        for(int j=0; j < geleseneStudenten[i].
            leistungen.length; j++) {
          toWrite += String.format("%s;_%3.1f;_",
            geleseneStudenten[i].leistungen[j].modul,
            geleseneStudenten[i].leistungen[j].note);
        }
      }
      else
        toWrite += "0;_";
      // Text / Datensatz eines Studenten als Zeile
          ausgeben
      toWrite += "\n";
      System.out.print(toWrite);
    }
  }
  else
  {
    toWrite = "0;_\n";
    System.out.print(toWrite);
  }

  // Aufraeumen
  EntityUtils.consume(entity);
  response.close();
 }

}
```

Übungsaufgaben

(Lösungsvorschläge in Abschn. A.4)

In den nachfolgenden Aufgaben beschäftigen wir uns mit der Programmierung von HTTP-Clients. Um diese Clients testen zu können, steht uns im Hochschulnetz ein spezieller Webserver zur Verfügung. Die Links zu diesem Webserver finden Sie bei dem Material zu den Übungsaufgaben unter http://angewnwt.hof-university.de/http.php.

Der Webserver stellt sowohl Seiteninhalte zur Verfügung, welche ohne Authentifizierung abrufbar sind, als auch Seiteninhalte, welche eine Benutzer-Authentifizierung voraussetzen.

5.1 Ein einfacher HTTP-Client ohne Benutzerauthentifizierung

1. Erstellen Sie ein einfaches Java-Programm, das über HTTP-Get vom Server http://angewnwt.hof-university.de/example-1. php eine Webseite abruft und geben Sie den empfangenen Text zeilenweise aus.
2. Sehen Sie den Text durch und erweitern Sie Ihr Programm so, dass es die im HTML versteckte Zufallszahl extrahiert und nur diese Zufallszahl ausgibt.

5.2 Ein HTTP-Client mit Authentifizierung über Username/Passwort in der URL
Auf dem oben genannten Testserver ist folgender Benutzer-Account zur Authentifizierung angelegt:

Server-URL: http://angewnwt.hof-university.de/example-4. php
Benutzername: Hans
Passwort: Wurscht

1. Analysieren Sie den HTML-Code der Seite und identifizieren Sie, wie die Authentifizierungsdaten in der URL übergeben werden müssen.
2. Erstellen Sie ein einfaches Java-Programm, das diese URL mit den Authentifizierungsdaten ergänzt, abruft und den empfangenen Text zeilenweise ausgibt.

5.3 Ein HTTP-Client mit Authentifizierung über ein Session-Cookie
Auf dem oben genannten Testserver ist folgender Benutzer-Account zur Authentifizierung angelegt:

Server-URL: http://angewnwt.hof-university.de/login-form.
               html
Benutzername: Hans (alternativ: Erika)
Passwort: Wurscht (alternativ: Mustermann)

1. Analysieren Sie den HTML-Code der Seite und identifizieren
   Sie die URL, der die Authentifizierungsdaten übergeben werden müssen.
2. Erstellen Sie ein einfaches Java-Programm, das diese URL abruft und die Authentifizierungsdaten mittels HTTP-Post übergibt.
3. Erweitern Sie das Java-Programm so, dass es nach der Authentifizierung die geschützte Webseite über HTTP-Get abruft
   und geben Sie den empfangenen Text zeilenweise aus.

Protokolle: OPC UA

6

Zusammenfassung

Dieses Kapitel stellt das industrielle Kommunikationsprotokoll OPC UA vor. Am Beispiel eines kommerziellen Clients wird demonstriert, wie Knoten im Adressraum ausgelesen werden können.

6.1 Überblick über OPC UA

OPC Unified Architecture, kurz OPC UA, ist ein industrielles Kommunikationsprotokoll für den Datenaustausch zwischen Maschinen.

Ein zentrales Konzept ist dabei, dass die vom Server zur Verfügung gestellten Daten über eine Art Verzeichnisstruktur aufgelistet werden. Dieses Verzeichnis wird als Address-Space bezeichnet. Es kann neben den Datenpunkten auch zusätzliche Informationen enthalten, wie z. B. die Einheit des Datenpunktes. Damit kann OPC UA Maschinendaten (Regelgrößen, Messwerte, Parameter usw.) nicht nur transportieren, sondern auch maschinenlesbar semantisch beschreiben.

Die semantische Beschreibung gewinnt zunehmend an Bedeutung, um Maschinen und Anlagen unterschiedlicher Hersteller zu vernetzen. Der MES D.A.CH Verband e. V. [5] stellt die Situation

© Springer Fachmedien Wiesbaden GmbH, ein Teil von Springer Nature 2019   97
V. Plenk, *Angewandte Netzwerktechnik kompakt*, IT kompakt,
https://doi.org/10.1007/978-3-658-24523-8_6

folgendermassen dar und schlägt OPC UA als Transportschicht
für den Datenaustausch vor:

> Auf Maschinenebene gibt es Anlagen von verschiedenen Herstellern.
> Diese stellen unterschiedliche Anforderungen an eine Anbindung des
> MES-Systems, welches in diesem heterogenen Umfeld als Integrator
> der Informationen agieren soll. Eine einheitliche Definition der aus-
> zutauschenden Daten ist daher zwingend erforderlich, um die Kom-
> munikation zwischen MES und Maschinen zu standardisieren und um
> damit den Aufwand für Lieferanten, Systemintegratoren und Maschi-
> nenbetreiber zu verringern.
> …
> Wenn wir von grundlegenden Daten sprechen, so werden damit
> die Daten bezeichnet, die vom Großteil der Maschinen ohnehin erfasst
> werden. Um nun eine einfache Kommunikation zu ermöglichen, liegt
> das Hauptaugenmerk also auf der Vereinheitlichung der Formate (Da-
> tenrepräsentation und Struktur) wie auch der Bezeichnung der Werte
> und der Art ihrer Übermittlung. Ziel ist es demnach, einen gemeinsa-
> men Standard zum Datenaustausch für Maschinenhersteller wie auch
> Hersteller eines MES-Systems zu definieren, damit der Bedarf an ma-
> nuellen Anpassungen minimiert wird und die Anbindung ohne großen
> Aufwand funktionsfähig ist.

Abb. 6.1 zeigt den Address-Space für ein einfaches SPS-
Demoprojekt mit einer Funktionalität, die der in den Abschn. 4.8
und 5.7 dargestellten entspricht: Ein Zähler wird regelmäßig
inkrementiert. Über verschiedene Steuervariablen, kann er auf
einen Startwert gesetzt oder auf 0 zurückgesetzt werden. Im
Unterschied zur Webseite aus Abschn. 4.8 enthält der Address-
Space alle der SPS bekannten Variablen, da der OPC-Server über
die Symboltabelle des SPS-Projektes auf die Daten der SPS zu-
greift. Damit kann der SPS-Programmierer ohne zusätzlichen
Aufwand Daten zur Verfügung stellen, die momentan nicht unbe-
dingt gebraucht werden. Eine Dokumentation der Bedeutung der
Datenpunkte ist allerdings nötig und wichtig.

Für den Zugriff auf die Daten muss der Client eine Verbindung zum Server aufbauen, dann die NodeIds der gewünschten
Datenpunkte im Adressraum suchen und dann die Daten der Nodes abrufen.

Hierbei unterstützt der Standard Einzel- und Blockzugriffe.
Einzelzugriffe sind einfach zu implementieren, haben aber einen

Abb. 6.1 OPC UA
Address-Space des Bei-
spielprojektes

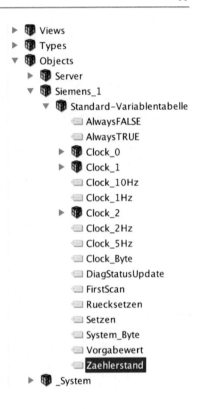

großen Protokoll-Overhead. Für Blockzugriffe müssen Blöcke
aus NodeIds gebildet werden, die dann über ein einziges Kommando abgerufen werden können.

Außerdem bietet der Standard Methoden an, bei denen der Server von sich aus zyklisch oder bei bestimmten Ereignissen die
Daten an den Client überträgt.

OPC UA setzt auf das TCP/IP-Protokoll auf. Abb. 6.2 zeigt
von links nach rechts die unterschiedlichen Kommunikationswege, die teilweise wieder auf bereits etablierten Protokollen, wie
HTTP, aufsetzen. Der linke Zweig, Binary, wird als besonders sicher und effizient beworben.

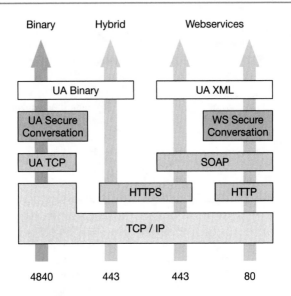

Abb. 6.2 Hierarchie der OPC UA-Protokolle und mögliche Kommunikationswege

6.2   Zugriff in Java mit dem Prosys-SDK

Für den Zugriff auf OPC UA aus Java empfiehlt sich eine Bibliothek. Hier wird eine kommerzielle Bibliothek der Firma Prosys eingesetzt, die unter https://www.prosysopc.com/products/opc-ua-java-sdk/ angefordert werden kann. Diese Bibliothek basiert teilweise auf dem von der OPC-Foundation bereitgestellten Java-Stack, der unter http://opcfoundation.github.io/UA-Java/ abgerufen werden kann.

Um die Bibliotheken in einem eigenen Eclipse-Projekt zu verwenden, müssen sie, wie in Abb. 6.3 gezeigt, zum Eclipse-Projekt hinzugefügt werden. Wenn kein Eclipse verwendet wird, müssen die Bibliotheken im Klassenpfad liegen. Im Quellcode der aufrufenden Klasse ist außerdem ein Verweis auf die Bibliothek hinzuzufügen.

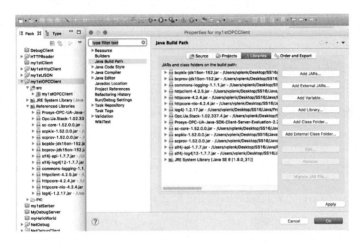

Abb. 6.3 Hinzufügen der Prosys OPC Jar-Files zum Projekt

6.2.1   Lesen eines Nodes

Der Umgang mit dem Protokollstack ist relativ komplex. Der Übersichtlichkeit halber werden hier zunächst die „nützlichen" Aufrufe gezeigt. Der in diesem Abschnitt dargestellte Code geht davon aus, dass eine Instanz von `UaClient client` erzeugt und mit dieser Instanz eine Verbindung zum Server aufgebaut wurde.

Um einen einzelnen Node mit der bekannten `nodeId` auszulesen, kann mit der Methode `DataValue readAttribute(NodeId nodeId, UnsignedInteger attributeId)` der Wert des in `attributeId` spezifizierten Attributes des Nodes `nodeId` abgerufen werden. Einige ausgewählte Attribute sind:

- `ArrayDimensions` gibt an, ob es sich um einen Array oder einen einzelnen Wert handelt.
- `BrowseName` gibt den Namen (mit Pfad) als Zeichenkette an
- `DataType` gibt den Datentyp an
- `NodeId` enthält die ID des Nodes
- `Value` enthält den Wert des Nodes

Jedes Attribut hat einen anderen Typ. Deswegen gibt die Methode
den Typ `DataValue` zurück, der alle möglichen Typen kapselt und
Zugriff auf den Wert der Variable (Methode `Variant getValue()`)
sowie den Zeitstempel der Variable (Methode `DateTime getServer Timestamp()`) bietet.

Der folgende Code liest also den Wert der Variable und gibt
den Wert sowie den Zeitstempel auf die Konsole aus.

```
DataValue value = client.readAttribute(nodeId,Attributes.
    Value);
System.out.println(value.getValue());
System.out.println(value.getServerTimestamp());
```

Damit ergibt sich beispielsweise folgende Ausgabe:

```
20
02/18/16 09:57:23.2630000 GMT
```

6.2.2   Suchen eines Nodes im Address-Space

Listing 6.1 zeigt eine Methode, die im Adressraum des Servers
nach einem Node sucht, der über eine Art Pfad in einer Hierarchie
von `BrowseNames` identifiziert wird – ähnlich einer Datei in einer
Hierarchie von Verzeichnisnamen.

Der in diesem Abschnitt dargestellte Code geht davon aus, dass
eine Instanz von `UaClient client` erzeugt und mit dieser Instanz
eine Verbindung zum Server aufgebaut wurde. Der Beispielcode
enthält keinerlei Fehlerbehandlungsmechanismen. Auch der Fall,
dass kein passender Node gefunden werden kann, wird nicht ab-
gefangen.

Die Methode wird mit zwei Parametern aufgerufen: der `NodeId`
`nodeId`, von der aus gesucht werden soll, und der Zeichenkette
`String NodeName`, bei der die Namen der hierarchisch angeordne-
ten Knoten durch `:` getrennt sind.

Dieser String wird zunächst in einen Array aus Strings aufgeteilt (`NodeName.split(":")`) wobei das erste Element des Arrays
`Terms[0]` das Element darstellt, nach dem gesucht wird.

Für die Suche werden dann durch das Kommando `client.
getAddressSpace().browse(nodeId)` alle Referenzen des Nodes

Listing 6.1 Methode zum rekursiven Durchsuchen des Address-Space

```java
public NodeId recursiveSearch(NodeId nodeId, String
    nodeName) throws ServiceException, StatusException,
    ServiceResultException {
    List<ReferenceDescription> references;

    NodeId myNodeId = nodeId;
    String[] terms = nodeName.split(":");

    System.out.println("Search: "+terms[0]);

    client.getAddressSpace().setMaxReferencesPerNode
        (1000);
    references = client.getAddressSpace().browse(nodeId
        );
    for (Iterator<ReferenceDescription> iterator =
        references.iterator(); iterator.hasNext();)
    {
        ReferenceDescription ref = iterator.next();
        QualifiedName name = ref.getBrowseName();
        if(name.getName().equals(terms[0])) {
            System.out.println("Found: "+terms[0]);
            System.out.println(ref);
            if (terms.length == 1)
                myNodeId = client.getAddressSpace().
                    getNamespaceTable().toNodeId(ref.
                    getNodeId());
            else {
                String search ="";
                for(int i=1; i<terms.length;i++)
                    search = search + terms[i] + ":";
                search = search.substring(0,search.length()
                    -1);
                myNodeId = recursiveSearch(
                    client.getAddressSpace().
                        getNamespaceTable().toNodeId(ref.
                        getNodeId())
                    ,search);
            }
        }
    }
    return myNodeId;
}
```

`nodeId`, d. h. alle Nodes auf die der aktuelle Node verweist, abgerufen.

Die folgende Schleife iteriert über alle Referenzen. Für jede dieser Referenzen wird geprüft, ob ihr `BrowseName` mit dem gesuchten Namen identisch ist.

Wenn das zutrifft wird geprüft, ob dieser Name der letzte Name im Suchstring ist (`Terms.length == 1`). Ist das der Fall, wird die NodeId der Referenz zurückgegeben. Ist das nicht der Fall, wird die Methode mit der NodeId dieser Referenz und dem um den ersten Term gekürzten Suchstring rekursiv neu aufgerufen.

Für den Adressbaum aus Abb. 6.1 und den Suchstring `"Objects:Siemens_1:Standard-Variablentabelle:Zaehlerstand"` ergibt sich folgende Ausgabe auf der Konsole:

```
Durchsuche Adressbaum
Search: Objects
Found: Objects
...
Search: Siemens_1
Found: Siemens_1
...
Search: Standard-Variablentabelle
Found: Standard-Variablentabelle
...
Search: Zaehlerstand
Found: Zaehlerstand
...
   NodeId=ns=3;s=Siemens_1.Standard-Variablentabelle.
       Zaehlerstand
...
```

Ein Zugriff auf die so gefundene NodeId könnte dann über diese Codezeilen erfolgen:

```
NodeId nodeId1 = recursiveSearch(nodeId, "Objects:
    Siemens_1:Standard-Variablentabelle:Zaehlerstand");
client.readAttribute(nodeId1, Attributes.BrowseName);
System.out.println(name);

System.out.println("10_Aufrufe_alle_zwei_Sekunden");
for(int i = 0; i< 10; i++) {
  DataValue value = client.readAttribute(nodeId1,
      Attributes.Value);
```

```
   System.out.println(value.getValue());
   System.out.println(value.getServerTimestamp());

   Thread.sleep(2*1000);
}
```

Damit ergibt sich als Ausgabe auf der Konsole:

```
DataValue(value=Root, statusCode=GOOD (0x00000000) "",
     sourceTimestamp=null, sourcePicoseconds=0,
     serverTimestamp=07/26/16 07:05:33.0970786 GMT,
     serverPicoseconds=0)
10 Aufrufe alle zwei Sekunden
895
07/26/16 07:05:32.5822777 GMT
897
07/26/16 07:05:34.5790812 GMT
...
```

7

Zusammenfassung

Dieses Kapitel stellt mit TCP/IP eines der wichtigsten Protokolle im Internet vor. Der Einsatz des Protokolls in Java wird
anhand von Beispielen demonstriert.

7.1 TCP/IP im Überblick

Das Transmission Control Protokoll (TCP) baut auf dem Internet
Protokoll (IP) auf. Es ist das am meisten genutzte Protokoll der
Transportschicht. Die in den Kap. 5 und 6 vorgestellten Protokolle
bauen auf TCP/IP auf.

Das Protokoll stand lange Zeit in Konkurrenz zu Protokollfa-
milien wie IPX/SPX (Novell), AppleTalk (Apple) oder NetBEUI
(Microsoft Windows). Spätestens mit dem Siegeszug des Inter-
nets, das die Verwendung von IP-Adressen zwingend voraussetzt,
aber auch aufgrund seiner großen Flexibilität und Routingfähig-
keit konnte es sich allgemein durchsetzen.

TCP/IP ist ein zuverlässiges, verbindungsorientiertes, paket-
vermittelndes Transportprotokoll in Computernetzwerken.

Verbindungsorientiert bedeutet, dass das Protokoll eine Verbindung zwischen zwei Partnern herstellt. Beide Partner können

© Springer Fachmedien Wiesbaden GmbH, ein Teil von Springer Nature 2019   107
V. Plenk, *Angewandte Netzwerktechnik kompakt*, IT kompakt,
https://doi.org/10.1007/978-3-658-24523-8_7

senden und empfangen, es handelt sich also um eine bidirektionale Verbindung. Diese Verbindung stellt sich dem nutzenden Programm wie ein Datenstrom oder eine Datei dar. Nach dem Aufbau der Verbindung kann es beliebige Datenmengen in beliebigen Zeitabständen in die Verbindung schreiben. Der Protokollstack schickt diese dann an den Empfänger. Beim Lesen sieht es ähnlich aus: Der Protokollstack empfängt die Daten und das lesende Programm kann sie in beliebigen Mengen und beliebigen Zeitabständen abholen. Wenn es mehr Daten anfordert, als bisher empfangen wurden, wartet der Stack, bis ausreichend Daten eingetroffen sind. Werden weniger Daten angefordert, speichert der Stack die nicht gelesenen Daten bis zum nächsten Lesezugriff.

Paketvermittelt bedeutet, dass der Protokollstack den aus Sicht des Anwendungsprogrammes unendlich langen Datenstrom in kleine Einheiten/Pakete unterteilt, diese einzeln und ggfs. auf verschiedenen Wegen überträgt und auf der Empfängerseite in der richtigen Reihenfolge wieder zusammensetzt. Diese Eigenschaft ist sehr wichtig für die Leistungsfähigkeit des Protokolls, aber irrelevant für das Programm, das das Protokoll nutzt.

7.2 TCP im Detail

Eine TCP/IP-Verbindung wird immer zwischen zwei Partnern aufgebaut. In diesem Kontext kann das Protokoll sicherstellen, dass versandte Nachrichten auch beim Partner angekommen sind. Die Partner werden als Server, das ist der Partner, der auf eine Verbindungsanfrage wartet, und Client, das ist der Partner, der eine Verbindung zum Server aufbaut, bezeichnet.

TCP/IP stellt den kommunizierenden Partnern für die Übertragungsrichtung Client-Server und die Übertragungsrichtung Server-Client je einen Datenstrom zur Verfügung. Das Protokoll teilt diesen aus Sicht der das Protokoll nutzenden Anwendungen unendlich langen Datenstrom auf einzelne Pakete auf, die über das IP-Protokoll in der Netzwerkschicht übertragen werden.

Ein derartiges Paket besteht aus einem Header, der Verwaltungsinformationen wie Absender- und Zieladresse sowie Flags

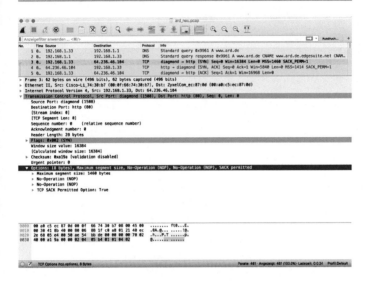

Abb. 7.1 Darstellung eines Datenpakets in Wireshark
Oberes Drittel: aufgezeichnete Datenpakete, das ausgewählte Paket 3 ist *grau*
hinterlegt. Mittleres Drittel: Interpretierte Darstellung des Paketheaders mit
Quellport, Zielport – die Adressen ergeben sich aus dem IP-Header – und
Flags. Unteres Drittel: Paketinhalt als HexDump, der im mittleren Drittel
markierte Teil ist *blau* hinterlegt.

zur Steuerung der Kommunikation enthält, und den eigentlichen
Nutzdaten (englisch Payload).

Abb. 7.1 zeigt die einzelnen Headerfelder in einer Analyse eines TCP-Datenpaketes mit Wireshark.

Die Arbeitsweise des Protokolls wird im Folgenden anhand
eines Wireshark-Mitschnitts eines Webseitenaufrufs dargestellt.

7.2.1   Verbindung aufbauen

Abb. 7.2 zeigt die beim Verbindungsaufbau ausgetauschten Pakete.

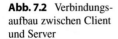

Abb. 7.2 Verbindungs-
aufbau zwischen Client
und Server

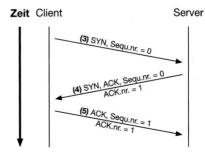

Im Paket 3 sendet der Client, der die IP-Adresse 192.168.1.33 hat, vom Port 1508 eine Verbindungsanfrage an den Server mit der IP-Adresse 64.236.46.104 und den Port 80.

In diesem Paket ist das SYN-Flag gesetzt. Damit signalisiert der Client den Wunsch, eine Verbindung aufzubauen.

Bereits diese erste Übertragung wird durch die SEQ- und ACK-Nummern gesichert. Diese Sicherung wird in Abschn. 7.2.2 genauer dargestellt, ebenso der Parameter Fenstergröße (Win= 16384) und die Option SACK permitted.

Mit der Option MSS, Maximum Segment Size, fragt der Client nach, welche Paketgröße der Server maximal verarbeiten kann.

Im Paket 4 bestätigt der Server, dass er Paket 3 erhalten hat (ACK=SEQ des gesendeten Pakets +1) und dass er seinerseits eine Verbindung aufbauen will (SYN). Zusätzlich überträgt er seine Fenstergröße (Win=5840), seine maximale Paketlänge (MSS=1414) und bestätigt die Option SACK.

Mit dem Paket 5 quittiert der Client, dass er das Paket 4 empfangen hat (ACK=SEQ von Paket 4+1). Damit ist die Verbindung aufgebaut.

7.2.2 Datenübertragung

Abb. 7.3 zeigt die eigentliche Datenübertragung. Mit dem Paket 6 sendet der Client 419 Bytes mit der SEQ-Nummer 1 an den Server. Der Server bestätigt das in Paket 7 mit einem ACK von 420 (= SEQ +1).

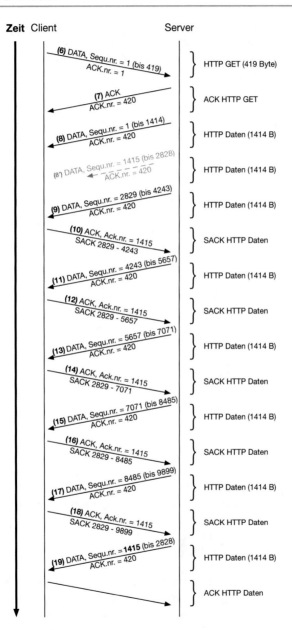

Abb. 7.3 Kommunikation zwischen Client und Server

SEQ und ACK dienen also der Übertragungssicherung. Der empfangende Teilnehmer – da die Kommunikation bidirektional abläuft, ist das entweder der Server (bei Übertragung vom Client zum Server) oder der Client – bestätigt mit ACK die Zahl der empfangenen Bytes. Der Sender signalisiert über SEQ den Startpunkt der gesendeten Bytes.

Im einfachen Fall wird jedes versendete Paket mit einem ACK-Paket bestätigt. Der sendende Teilnehmer schätzt die maximale Zeit für das Übertragen des Paketes zum empfangenden Teilnehmer und die Übertragung des Antwortpakets mit dem ACK ab und gibt noch etwas „Sicherheitsreserve" dazu. Sollte innerhalb dieser Zeit keine Bestätigung eingetroffen sein, sendet er das Paket erneut, mit identischer SEQ-Nummer.

Dieses einfache Verfahren hat den Nachteil, dass der Sender zwischen zwei Paketen auf eine Bestätigung wartet und somit die verfügbare Bandbreite nicht voll ausnutzt.

Sliding Window Verfahren Schneller geht es, wenn der Sender nicht auf das ACK des Empfängers wartet, bevor er das nächste Paket abschickt. Abb. 7.3 zeigt das bei den Paketen 8, 8' und 9. Der Empfänger kann dann entweder mehrere ACK-Pakete senden oder alternativ nur ein ACK-Paket mit der höchsten Zahl empfangener Bytes. Dieses Verfahren nennt man das Sliding Window Verfahren.

In Abb. 7.3 fällt der Sender auf das Standardverfahren zurück, da der Empfänger das verlorengegangene Paket 8' nicht bestätigt.

Flusskontrolle Beim Sliding Window Verfahren muss der Sender darauf achten, dass er nicht mehr Pakete schickt, als der Empfänger zwischenspeichern kann. Dazu teilt der Empfänger die Größe des Fensters, also des Empfangspuffers mit (Win=XXX). Sollten die Daten auf Empfängerseite nicht aus dem Puffer abgeholt werden, meldet der Empfänger eine immer kleinere Fenstergröße an den Sender.

Selective Acknowledgements (SACK) Ein weiteres Problem beim Sliding Window Verfahren besteht darin, dass der Empfänger mit dem bisher dargestellten SEQ/ACK-Mechanismus nicht

melden kann, wenn von mehreren Paketen ein „mittleres" Paket,
wie das Paket 8' in Abb. 7.3, nicht angekommen ist. Wenn sich
beide Teilnehmer beim Verbindungsaufbau darauf geeinigt haben, SACK zu verwenden, kann der Empfänger Beginn und Ende
der empfangenen Bytefolge bestätigen. In Abb. 7.3, Paket 10,
meldet er beispielsweise, dass die Bytes 1 bis 1415 (ACK=1415)
und die Bytes 2829 bis 4243 (SACK 2829-4243) angekommen
sind.

Der Server sendet daraufhin in Paket 11 die nächsten Daten
des Stroms, Byte 4243 bis 5657.

In Paket 12 bestätigt der Client, dass er dieses Paket empfangen
hat (SACK 2829 bis 5657).

Dieser Vorgang wiederholt sich in den Paketen 13 bis 18.

In Paket 19 überträgt der Server das noch fehlende Paket mit
den Bytes 1415 bis 2828.

7.2.3 Verbindungsabbau

Abb. 7.4 zeigt die Pakete beim Verbindungsabbau: Der Client signalisiert in Paket 2 über FIN, dass er die Verbindung abbauen
will. Der Server bestätigt das mit ACK in Paket 3 und sendet seinerseits ein FIN in Paket 5. Der Client bestätigt dieses mit einem
ACK in Paket 6. Damit ist die Verbindung abgebaut.

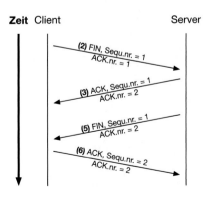

Abb. 7.4 Verbindungs-
abbau

7.3 Zugriff in Java

Java hat Standardbibliotheken für die TCP-Kommunikation. Da es sich um eine Standardbibliothek handelt, ist es nicht nötig, die Bibliothek im Projekt hinzuzufügen. Im Quellcode der aufrufenden Klasse ist aber dennoch ein Verweis auf die Bibliothek hinzuzufügen:

```
import import java.net.*;
```

Im Folgenden werden die Klassen beschrieben, die die TCP/IP-Funktionalität kapseln. Oracle [16] gibt einen Überblick über das gesamte Package `java.net`.

TCP/IP und Java unterscheiden dabei zwischen Server, also dem Partner, der auf eine Verbindung wartet, und Client, also dem Partner, der eine Verbindung aufbaut.

Eine bestehende Verbindung verbindet zwei `Sockets`, die für Server und Client identisch sind. Ein Socket wird durch IP-Adresse und Portnummer beschrieben. Durch die Verwendung der Portnummern kann ein Rechner/eine IP-Adresse mehrere parallele Netzwerkverbindungen verwalten.

Den Datenaustausch über eine bestehende Verbindung kapselt Java in zwei Streams (siehe Abb. 7.5): Die Daten, die beim einen Partner in den Ausgabestream, der über `Socket.getOutputStream()` abgerufen werden kann, geschrieben werden, kommen beim anderen Partner im Eingabestream an, der über `Socket.getInputStream()` abgerufen werden kann.

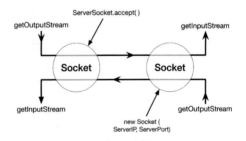

Abb. 7.5 TCP/IP-Kommunikation über Sockets und Streams

Tab. 7.1 Ausgewählte Methoden der Klassen `Socket` und `ServerSocket`

Socket	ServerSocket
`Socket(InetAddress address, int port)`	`ServerSocket(int port)`
`InputStream getInputStream()`	`Socket accept()`
`OutputStream getOutputStream()`	

Für den Verbindungsaufbau gibt es noch einen `ServerSocket`, der vom Server erzeugt wird. Der Client verbindet sich mit diesem Socket.

Tab. 7.1 gibt einen Überblick über die wichtigsten Methoden der beiden Klassen.

7.3.1 Verbindungsaufbau beim Server

Der Server erzeugt zunächst einen `ServerSocket` und wartet, bis sich ein Client mit ihm verbindet.

```
ServerSocket serverSocket = new ServerSocket(port);
Socket linkZumClient = serverSocket.accept();
```

Die Methode `accept()` liefert einen Socket zurück, das ist genau die selbe Klasse, die auch der Client für die Kommunikation verwenden wird. Die Daten vom Client können dann über den Stream `linkZumClient.getInputStream()` gelesen werden. Ebenso können über den Stream `linkZumClient.getOutputStream()` Daten zum Client gesendet werden.

Falls die Verbindung zwischendurch abreißen sollte, kann sowohl der Eingabe- als auch der Ausgabe-Stream eine Exception erzeugen. Beim Ausgabe-Stream geschieht das typischerweise in dem Moment, in dem neue Daten gesendet werden sollen. Beim Eingabe-Stream ist es nicht einfach, einen Verbindungsabbruch zu erkennen, da Nachrichten auch ausbleiben können, weil nichts zu senden ist. Wenn es wichtig ist, dass der Verbindungsabbruch nicht nur beim Senden entdeckt wird, müssen regelmäßig Testnachrichten zwischen den beiden Partnern ausgetauscht

werden. Solche Nachrichten werden umgangssprachlich auch als
„Heartbeat"-Nachrichten bezeichnet.

7.3.2   Verbindungsaufbau beim Client

Der Client verbindet sich mit dem Server, indem er einen `Socket`
erzeugt.

```
Socket linkZumServer = new Socket(address,port);
```

Der Server muss zu diesem Zeitpunkt bereits einen `ServerSocket`
 mit der entsprechenden Portnummer erzeugt haben und empfangsbereit sein.

Nach dem Herstellen der Verbindung können dann über die
beiden Streams

```
DataInputStream inFromServer =  new DataInputStream(
    linkZumServer.getInputStream());
DataOutputStream outToServer =  new DataOutputStream(
    linkZumServer.getOutputStream());
```

Daten mit dem Server ausgetauscht werden.

7.4   Eine Beispielanwendung

Für die Kommunikation sind zwei Partner nötig, deshalb werden
hier nun zwei Projekte dargestellt. Der Client sendet eine Zeichenkette an den Server. Dort wird die Zeichenkette verarbeitet
und an den Client zurückgeschickt.

Die vom Socket gelieferten, einfachen Streams können nur Bytes, also vollkommen unstrukturierte Daten senden. Um abstrak-
tere Datentypen zu transportieren, können die Streams mit allen Java Filterstreams gekoppelt werden. Unser Beispiel soll `int`-
Werte übertragen. Deswegen werden die einfachen Streams mit
Data-Input/Output-Streams gekoppelt:

```
DataInputStream inFromClient = new DataInputStream(
    linkZumClient.getInputStream());
DataOutputStream outToClient = new DataOutputStream(
    linkZumClient.getOutputStream());
```

In unserem Beispiel sendet der Client N-mal zwei Zahlen an den Server. Der Server antwortet mit der Summe der beiden Zahlen.

Damit ergibt sich folgendes Verhalten für Client und Server:

- Der **Server** arbeitet in folgenden Schritten:
  1. Socket erzeugen und auf Verbindung warten
  2. Zahl1 vom Client empfangen
  3. Zahl2 vom Client empfangen
  4. Summe berechnen
  5. Summe an Client senden
  6. Wenn noch keine N Zahlenpaare empfangen, weiter bei 2
  7. Verbindung schließen und Programm beenden

  Der entsprechende Code findet sich in der Methode `tuWas()` in Listing 7.1.

- Der **Client** arbeitet in folgenden Schritten:
  1. mit Server verbinden
  2. Zahl1 an Server schicken
  3. Zahl2 an Server schicken
  4. Summe vom Server empfangen
  5. Wenn noch keine N Zahlenpaare gesendet, weiter bei 2
  6. Verbindung schließen und Programm beenden

  Der entsprechende Code findet sich in der Methode `tuWas()` in Listing 7.2.

Wenn man nun zunächst den Server und dann den Client startet, verbinden sich die beiden Programme und tauschen Daten aus. Bei näherer Betrachtung des Datenstroms zeigen sich aber ein paar Haken und Ösen:

Der `DataOutputStream` verpackt die zu übertragenden `int`-Werte in jeweils 4 Bytes. Abb. 7.6a zeigt beispielsweise die Übertragung der ersten beiden Zahlen und die Serverantwort. Die Bytes `00 00 00 00` entsprechen der Zahl 0, also dem ersten übertragenen Wert. Jede Zeile in der Abbildung entspricht einem Datenpaket. Die ersten beiden Zahlen, die der Client an den Server schickt, werden also in vier Datenpaketen übertragen.

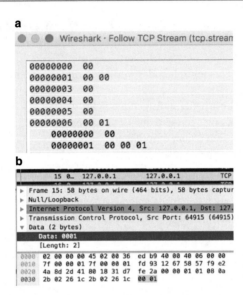

Abb. 7.6 Datenaustausch über ungepufferte Streams: **a** Datenstrom zwischen Client und Server; **b** Ein Datenpaket aus dem Datenstrom

Abb. 7.6b zeigen eines der ersten übertragenen Datenpakete. Hier wird der Wert `00 01` transportiert. Für diese 2 Byte Nutzdaten wurden insgesamt 58 Bytes übertragen.

Um diese ungünstige Aufteilung der Nutzdaten auf die Datenpakete zu vermeiden kann der Ausgabestream gepuffert werden. Beim Client ist das der Stream zum Server.

```
outToServer = new DataOutputStream(new
    BufferedOutputStream(linkZumServer.getOutputStream())
    );
```

Beim Server ist es der Stream zum Client.

Wenn man nun die beiden Programmzeilen entsprechend ändert, arbeitet die Anwendung überhaupt nicht mehr! Das liegt daran, dass die gepufferten Streams möglichst viele Daten sammeln, bevor sie diese versenden. In unserem Beispiel wartet aber der Server nach dem Versenden von nur einem Integer auf eine Antwort vom Client. Diese bleibt aus, weil der gepufferte Stream

Abb. 7.7 Datenaus-
tausch über gepufferte
Streams

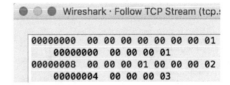

weitere Daten abwartet, und noch gar nichts an den Client übertragen hat.

Deswegen muss beim Einsatz gepufferter Streams immer
dann, wenn die Programmlogik auf eine Antwort wartet, sichergestellt werden, dass die Übertragung angestoßen wird.
In unserem Beispiel geschieht das nach jedem Sendevorgang.
Dazu wird beim Server nach dem Senden jeweils das Kommando `outToClient.flush();` eingefügt. Beim Client entsprechend
`outToServer.flush();`. Damit ergibt sich ein Datenaustausch entsprechend Abb. 7.7. Hier werden die beiden Zahlen, also 16 Byte,
in einem Paket und die entsprechende Antwort ebenfalls in einem
Paket übertragen. Wir konnten also die Nutzdaten je Paket von 1
auf 8 bzw. 16 Byte erhöhen.

Das ist immer noch nicht optimal, da ein Paket in etwa 1500
Byte Nutzdaten aufnehmen kann. Bei uns sind es aber nur 16
Byte, weil der Client danach auf eine Serverantwort wartet.

Mit einer kleinen Änderung im Clientcode erreichen wir, dass
zunächst alle Zahlen weggeschickt werden:

```java
public void tuWas(int repeat) throws IOException {
  int summe;

  for(int i=0; i < repeat; i++) {
    outToServer.writeInt(i);
    outToServer.writeInt(i+1);
    System.out.println("Client_gesendet:_"+ i + ",__"+
        (i+1));
  }
  outToServer.flush();
```

In einer zweiten Schleife empfangen wir alle Zahlen und kommen
somit auf nur noch zwei Datenpakete wie in Abb. 7.8 gezeigt.

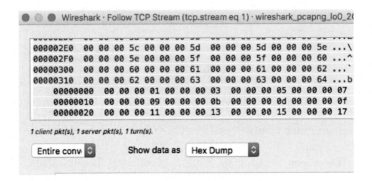

Abb. 7.8 Datenaustausch über gepufferte Streams mit je einer Sende- und einer Empfangsschleife

```
for(int i=0; i < repeat; i++) {
    summe = inFromServer.readInt();
    System.out.println(" empfangen: "+summe);
  }
}
```

Listing 7.1 Code für den Beispielserver

```
import java.io.IOException;
import java.io.DataInputStream;
import java.io.DataOutputStream;
import java.net.ServerSocket;
import java.net.Socket;

public class BeispielServer {

  ServerSocket serverSocket;
  Socket linkZumClient;
  DataInputStream inFromClient;
  DataOutputStream outToClient;

  public BeispielServer( int port) throws IOException {
    serverSocket = new ServerSocket(port); // Socket
        erzeugen
    System.out.println("Server gestartet.");
```

```java
    linkZumClient = serverSocket.accept(); // warten bis
        sich Client verbindet
    System.out.println("Verbindung_hergestellt.");

    inFromClient = new DataInputStream(linkZumClient.
        getInputStream());
    outToClient = new DataOutputStream(linkZumClient.
        getOutputStream());
  }

  public void tuWas(int repeat) throws IOException {
    int zahl1;
    int zahl2;
    int summe;

    for(int i = 0;  i < repeat; i++) {
      zahl1 = inFromClient.readInt();
      zahl2 = inFromClient.readInt();
      System.out.print("Server_Empfangen:_"+ zahl1 + ",_"
          + zahl2);
      summe = zahl1 + zahl2;
      outToClient.writeInt(summe);
      System.out.println("_gesendet:_"+summe);
    }
  }

  public void disconnect() throws IOException {
    inFromClient.close();
    outToClient.close();
    linkZumClient.close();
    serverSocket.close();
    System.out.println("Server_beendet.");
  }

  public static void main(String[] args) throws
      IOException {
    BeispielServer meinServer = new BeispielServer(4711);

    meinServer.tuWas(100);

    meinServer.disconnect();
  }
}
```

Listing 7.2 Code für den Beispielclient

```java
import java.io.IOException;
import java.io.DataInputStream;
import java.io.DataOutputStream;
import java.net.InetAddress;

import java.net.Socket;
import java.net.UnknownHostException;

public class BeispielClient {
  Socket linkZumServer;
  DataInputStream inFromServer;
  DataOutputStream outToServer;

  public BeispielClient(InetAddress address, int port)
      throws IOException {
    linkZumServer = new Socket(address,port); // mit
        Server verbinden
    System.out.println("Verbindung hergestellt");

    inFromServer = new DataInputStream(linkZumServer.
        getInputStream());
    outToServer = new DataOutputStream(linkZumServer.
        getOutputStream());
  }

  public void tuWas(int repeat) throws IOException {
    int summe;

    for(int i=0; i < repeat; i++) {
      outToServer.writeInt(i);
      outToServer.writeInt(i+1);
      System.out.print("Client gesendet: "+ i + ",  "+ (i
          +1));

      summe = inFromServer.readInt();
      System.out.println(" empfangen: "+summe);
    }
  }

  public void disconnect() throws IOException {
    inFromServer.close();
```

```
    outToServer.close();
    linkZumServer.close();
    System.out.println("Verbindung_getrennt");
  }

  public static void main(String[] args) throws
      UnknownHostException, IOException {
    BeispielClient meinClient = new BeispielClient(
        InetAddress.getByName("127.0.0.1"),4711);

    meinClient.tuWas(100);

    meinClient.disconnect();
  }
}
```

7.5 Beispiel Studentenverwaltung – Datenaustausch über TCP/IP

In den Abschn. 2.2.2, 2.2.5 und 3.4 haben wir die Daten unserer Studentenverwaltung in unterschiedlichen Dateiformaten abgespeichert. Dazu haben wir die Daten entsprechen codiert und in einen Stream geschrieben bzw. aus einem Stream gelesen.

In Abschn. 5.8 haben wir statt eines Dateistreams erstmals einen Netzwerkstream verwendet und, ohne uns um die serverseitige Implementierung zu kümmern, eine JSON-Datei vom Netz gelesen. Der Code in diesem Abschnitt macht im Prinzip dasselbe. Bei kurzer Überlegung ist das einleuchtend, denn HTTP basiert auf TCP/IP. Allerdings müssen wir uns auf dieser weniger abstrakten Schicht um weitaus mehr Einzelheiten kümmern.

Der Client Für die Codierung verwenden wir die binäre Darstellung wie in Abschn. 2.2.5. Die Klasse NetzwerkIO zum Senden und Empfangen auf Seite des Clients entspricht damit weitgehend der Klasse BinaerIO aus Abschn. 2.2.2.

Anstatt eines Dateistreams wird hier mit den Methoden VerbindungAufbauen() und VerbindungAbbauen() eine Verbindung zum Server auf- bzw. abgebaut. Der Code in diesen beiden

Methoden ist etwas länger als wir es bisher gewohnt waren, weil
er bestimmte Ausnahmen (Exceptions), die beim Verbindungsaufbau auftreten können, behandelt, indem er bei Bedarf einen
neuen Verbindungsversuch unternimmt (`try-catch`-Blöcke in der
`while`-Schleife).

Adresse und Portnummer des Servers werden dem Konstruktor
in der Klasse `Verwaltung` übergeben:

```
LesenSchreiben leseSchreibe = new
    //    BinaerIO("BinaerDatei");
    //    TextIO("Textdatei");
    //    JSON_IO("JSON-Datei");
        NetzwerkIO("127.0.0.1", 4711);
```

Der Server Da wir nicht in das Dateisystem schreiben, sondern
die Daten an einen Server schicken, müssen wir auch für den
Server Code angeben. In Bezug auf das Senden und Empfangen
spiegelt der Server exakt das Verhalten des Clients. Um hierfür
keinen doppelten Code schreiben zu müssen, wird der Server vom
Client abgeleitet:

```
class NetzwerkIOServer extends NetzwerkIO
```

Damit können die Sende- und die Empfangsmethode des Client unverändert übernommen werden. Die Methoden `Verbindung`
`Aufbauen()` und `VerbindungAbbauen()` müssen abgeändert werden. Die Methoden der Serverklasse überschreiben die der
Clientklasse.

```
@Override
void VerbindungAufbauen()
@Override
void VerbindungAbbauen()
```

Das bedeutet, dass die Aufrufe der entsprechenden Methoden bei
einer Instanz von `NetzwerkIOServer` den Code aus Listing 7.4 ausführen und in einer Instanz von `NetzwerkIO` den Code aus Listing
7.3.

Durch diesen Kniff wird der Servercode in Listing 7.4 erfreu-
lich kurz.

Listing 7.3   Klasse NetzwerkIO zum Senden und Empfangen auf Seite des Client

```java
import java.io.BufferedInputStream;
import java.io.BufferedOutputStream;
import java.io.DataInputStream;
import java.io.DataOutputStream;
import java.io.IOException;
import java.net.Socket;
import java.net.UnknownHostException;

public class NetzwerkIO implements LesenSchreiben {
  String server;
  int port;
  Socket linkZumServer;
  DataInputStream datenEmpfang;
  DataOutputStream datenVersand;
  boolean verbindungSteht;

  NetzwerkIO(String serverURL, int serverPort) {
    server = serverURL;
    port = serverPort;
    verbindungSteht = false;
  }

  void VerbindungAufbauen() throws UnknownHostException,
      InterruptedException {
    while(!verbindungSteht) {
      try {

        linkZumServer = new Socket(server,port);
        System.out.println("Verbunden_mit_" +
            linkZumServer.getInetAddress() + ":" +
            linkZumServer.getPort());
        datenEmpfang = new DataInputStream(new
            BufferedInputStream(linkZumServer.
            getInputStream()));
        datenVersand = new DataOutputStream(new
            BufferedOutputStream(linkZumServer.
            getOutputStream()));
        verbindungSteht = true;
      }
      catch (IOException e) {
```

```java
        System.out.println("Verbindungsaufbau_gescheitert
            " + e);
        verbindungSteht = false;
        VerbindungAbbauen();
        Thread.sleep(10000);
      }
    }
  }


  void VerbindungAbbauen()  {
    try {
      verbindungSteht = false;
      datenVersand.close();
      datenEmpfang.close();
      linkZumServer.close();
    }
    catch (IOException e) {
      System.out.println("Abbau_mit_Exception_"+e);
    }
  }

  @Override
  public void schreibeDatei(Student[] studenten) throws
      IOException {
    if(!verbindungSteht)
    {
      try {
        VerbindungAufbauen();
      } catch (InterruptedException e) {
        // TODO Auto-generated catch block
        e.printStackTrace();
      }
    }

    DataOutputStream dos = new DataOutputStream(
        datenVersand);

    if(studenten != null) {
      dos.writeInt(studenten.length);
      for(int i=0; i < studenten.length; i++) {
        dos.writeInt(studenten[i].matrikelNummer);
        dos.writeUTF(studenten[i].name);
```

```java
      if(studenten[i].leistungen != null) {
        dos.writeInt(studenten[i].leistungen.length);

        for(int j=0; j < studenten[i].leistungen.length
            ; j++) {
          dos.writeUTF(studenten[i].leistungen[j].modul
              );
          dos.writeDouble(studenten[i].leistungen[j].
              note);
        }
      }
      else
        dos.writeInt(0);
    }
  }
  else
    dos.writeInt(0);
  dos.flush();
  dos.close();
  VerbindungAbbauen();
}

@Override
public Student[] leseDatei() throws IOException {
  Student[] geleseneStudenten;

  if(!verbindungSteht)
  {
    try {
      VerbindungAufbauen();
    } catch (InterruptedException e) {
      // TODO Auto-generated catch block
      e.printStackTrace();
    }
  }

  DataInputStream dis = new DataInputStream(
      datenEmpfang);

  int studCnt = dis.readInt();
  if(studCnt != 0)
  {
    geleseneStudenten = new Student[studCnt];
```

```java
      for(int i=0; i < studCnt; i++) {
        geleseneStudenten[i] = new Student();
        geleseneStudenten[i].matrikelNummer = dis.readInt
            ();
        geleseneStudenten[i].name = dis.readUTF();
        int leistCnt = dis.readInt();

        if(leistCnt != 0) {
          geleseneStudenten[i].leistungen = new Leistung[
              leistCnt];
          for(int j=0; j < leistCnt; j++) {
            geleseneStudenten[i].leistungen[j] = new
                Leistung();
            geleseneStudenten[i].leistungen[j].modul =
                dis.readUTF();
            geleseneStudenten[i].leistungen[j].note = dis
                .readDouble();
          }
        }
        else
          geleseneStudenten[i].leistungen = null;
      }

    }
    else
      geleseneStudenten = null;

    dis.close();
    VerbindungAbbauen();
    return geleseneStudenten;
  }


}
```

Listing 7.4 Klasse NetzwerkIOServer

```java
import java.io.BufferedInputStream;
import java.io.BufferedOutputStream;
import java.io.DataInputStream;
import java.io.DataOutputStream;
import java.io.IOException;
import java.net.ServerSocket;
```

```java
import java.net.Socket;
import java.net.UnknownHostException;

public class NetzwerkIOServer extends NetzwerkIO {
  ServerSocket serverSocket;
  Socket linkZumClient;

  NetzwerkIOServer(int serverPort) {
    super("egal",serverPort);
  }

  @Override
  void VerbindungAufbauen() throws UnknownHostException,
      InterruptedException {
    while(!verbindungSteht) {
      try {
        serverSocket = new ServerSocket(port);
        System.out.println("Warte auf Verbindung");
        linkZumClient = serverSocket.accept();
        System.out.println("Verbunden mit " +
            linkZumClient.getInetAddress() + ":" +
            linkZumClient.getPort());
        datenEmpfang = new DataInputStream(new
            BufferedInputStream(linkZumClient.
            getInputStream()));
        datenVersand = new DataOutputStream(new
            BufferedOutputStream(linkZumClient.
            getOutputStream()));
        verbindungSteht = true;
      }
      catch (IOException e) {
        System.out.println("Verbindungsaufbau gescheitert
            " + e);
        verbindungSteht = false;
        VerbindungAbbauen();
      }
    }
  }

  @Override
  void VerbindungAbbauen()  {
    try {
      verbindungSteht = false;
```

```
      datenVersand.close();
      datenEmpfang.close();
      linkZumClient.close();
      serverSocket.close();
    }
    catch (IOException e) {
      System.out.println("Abbau_mit_Exception_"+e);
    }
  }

  public static void main(String[] args) throws
        InterruptedException, IOException {
    NetzwerkIOServer server = new NetzwerkIOServer(4711);

    server.VerbindungAufbauen();

    // Datei vom Client lesen
    System.out.println("Lese_Datei");
    Student[] gelesen = server.leseDatei();

    server.VerbindungAufbauen();

    // Datei an Client zuruecksenden
    System.out.println("Schreibe_Datei");
    server.schreibeDatei(gelesen);

    server.VerbindungAbbauen(); }
}
```

Übungsaufgaben

(Lösungsvorschläge in Abschn. A.5)

Für die nachfolgenden beiden Übungsaufgaben ist es notwendig, dass Sie zwei unabhängige Java-Programme entwickeln. Erzeugen Sie dazu unter Eclipse ein neues Projekt mit zwei neuen getrennten Klassen mit je einer eigenen main-Methode. Die erste Klasse soll *BeispielServer* und die zweite Klasse *BeispielClient* lauten. Somit erhalten Sie später beim Compilieren zwei separat ausführbare Java-Programme.

7.1 Einfache Datenübertragung zwischen Client und Server

Schreiben Sie ein Client- und ein Serverprogramm, die über TCP/IP eine Verbindung aufbauen, über die der Client die Tastatureingabe der Konsole an den Server (Port 4711) schickt und der Server die komplett in Großbuchstaben konvertierte Zeichenkette zurück an den Client schickt.

7.2 Fileübertragung zwischen Client und Server

Schreiben Sie ein Client- und ein Serverprogramm, bei dem der Client eine Datei und deren Namen an den Server überträgt (Binärübertragung) und der Server die Datei unter dem übertragenen Dateinamen abspeichert. Der Server soll zur Bestätigung die Zahl der empfangenen und gespeicherten Bytes zurücksenden.

Hinweise Die Server-Applikation sowie die Client-Applikation sollten in zwei verschiedenen Konsolenfenstern gestartet und getestet werden.

Achten Sie bitte darauf, dass die zu übertragende Quelldatei (z. B. `test.jpg`) in einem anderen Verzeichnis liegt als die beiden ausführbaren Java-Klassendateien, da die Quelldatei sonst vom Server überschrieben werden würde. Alternativ können Sie der Zieldatei auch einen anderen Filenamen geben.

Zusammenfassung

Dieses Kapitel stellt das Protokoll UDP/IP vor und zeigt dessen Verwendung in Java.

8.1 UDP/IP im Überblick

UDP ist ein verbindungsloses und ungesichertes Übertragungsprotokoll für einzelne Datenpakete (Datagramme). Wie TCP/IP baut es auf dem Internet Protokoll auf. Im Gegensatz zu TCP/IP bietet es aber keine zusätzliche Funktionalität.

Ungesichert bedeutet, dass es keine Garantie dafür gibt, dass ein einmal gesendetes Paket auch ankommt. Ebensowenig ist sichergestellt, dass Pakete in der gleichen Reihenfolge ankommen, in der sie gesendet wurden, oder dass ein Paket nur einmal beim Empfänger eintrifft.

Verbindungslos bedeutet, dass vor Übertragungsbeginn nicht erst eine Verbindung aufgebaut werden muss. Ein Partner kann einfach mit dem Senden beginnen (muss allerdings darauf gefasst sein, dass die gesendeten Daten verloren gehen können). So kön-

© Springer Fachmedien Wiesbaden GmbH, ein Teil von Springer Nature 2019   133
V. Plenk, *Angewandte Netzwerktechnik kompakt*, IT kompakt,
https://doi.org/10.1007/978-3-658-24523-8_8

nen vor allem Anwendungen beschleunigt werden, die nur kleine
Datenmengen austauschen.

Eine Anwendung, die UDP nutzt, muss daher gegenüber verloren gegangenen und unsortierten Paketen unempfindlich sein bzw.
selbst entsprechende Korrekturmaßnahmen vorsehen.

Damit stellt sich die Frage, warum UDP überhaupt eingesetzt
werde sollte.

Ein Grund liegt in der einfachen Handhabung. Soll beispielsweise eine Statusnachricht periodisch übertragen werden,
macht es nichts aus, wenn eine Nachricht verloren geht. Eine
UDP-Anwendung kann hier ohne weiteres ein einzelnes Paket
versenden. Eine TCP/IP-Anwendung dagegen müsste erst eine
Verbindung aufbauen, wofür bereits mindestens drei Netzwerkpakete ausgetauscht werden. Für jeden Übertragungsvorgang
müssen neben den Nutzdaten dann weitere Sicherungspakete
ausgetauscht werden.

Auch einfache Frage-Antwort-Protokolle wie eine DNS-
Abfrage können über UDP versendet werden. Wenn die Antwort
ausbleibt, wird die Anfrage einfach wiederholt.

Ein weiterer Grund für die Verwendung von UDP/IP ist die
Unterstützung von Multicasts. Hierbei wird ein Paket nicht nur
an einen, sondern an mehrere Empfänger verschickt. Da UDP
auf Bestätigungsnachrichten verzichtet, ist es für den Sender irrelevant, wie viele Empfänger adressiert wurden bzw. wie viele
Empfänger das Paket empfangen haben.

Aus den oben genannten Gründen ist UDP bei Multimediaan-
wendungen beliebt. Hier ist es im Allgemeinen besser, einzelne
Pakete zu verlieren, anstatt sie mit undefinierter Verzögerung erneut zu übertragen. Bei VoIP z. B. käme es bei neu übertragenen
Paketen wegen der zusätzlichen Verzögerung zu Aussetzern. Fehlen nur (wenige) Daten aus einem verlorenen Paket, verringert
sich lediglich die Qualität der Übertragung.

8.2   Übertragbare Datenmenge

Bei einem Sendevorgang überträgt UDP ein einzelnes Datagramm. Damit ist die Menge der Information, die pro Sendevor-

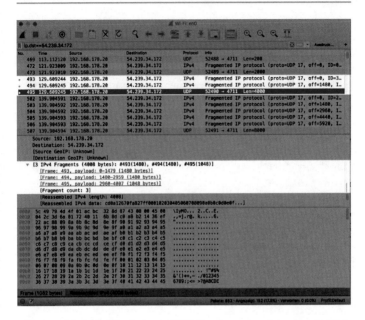

Abb. 8.1 Wirehark-Mitschnitt von UDP-Datagrammen mit wachsender Größe (hervorgehoben: ein aus drei Fragmenten bestehendes 4000 Byte Datagramm)

gang übertragen werden kann, auf die Größe eines Datagramms begrenzt.

Die maximale Größe eines UDP-Datagrammes beträgt theoretisch 65.535 Bytes, da das Length-Feld des UDP-Headers 16 Bit lang ist und die größte mit 16 Bit darstellbare Zahl gerade 65.535 ($2^{16} - 1$) ist. In der Praxis ist die Größe aber durch den Prokollstack des Systems, auf dem die Java-VM läuft, begrenzt. Die maximale Größe kann über `DatagramSocket.getReceiveBufferSize ()` abgefragt werden.

Abb. 8.1 zeigt aber, dass große Segmente des IP-Protokolls, also dem eigentlichen Transportprotokoll, fragmentiert übertragen werden. An sich stellt das kein Problem dar, da die Fragmente vom Protokollstack des Empfängers wieder zusammengesetzt und dann als ein Datagramm zugestellt werden. Da aber weder IP noch UDP einen Mechanismus zur Verfügung stellen, der verlorene Pakete erneut versendet, geht ein ganzes Datagramm verloren, wenn nur ein einzelnes Fragment fehlt. Das bedeutet, dass ein aus drei Fragmenten bestehendes Datagramm nur mehr mit einem Drittel der Wahrscheinlichkeit eines nicht fragmentierten Datagramms zugestellt wird.

IP fragmentiert längere Pakete in sogenannte MTUs (Maximum Transfer Units). Die Größe einer MTU kann von Netzwerk zu Netzwerk variieren, so dass ein größeres Fragment beim Übergang in ein anderes Netzwerk nochmals in zwei kleinere fragmentiert werden kann.

Damit empfiehlt es sich, UDP-Datagramme möglichst klein zu wählen. Als Obergrenze für eine nicht fragmentierte Übertragung gilt eine maximale Nutzdatenmenge von 508 Bytes – das entspricht einer Datagrammlänge von 576 Bytes (508 + 60 Byte IP-Header +8 Byte UDP-Header).

8.3 Zugriff in Java

Java hat Standardbibliotheken für die UDP-Kommunikation. Oracle [16] gibt einen Überblick über das gesamte Package `java.net`. Das Package deckt weit mehr Funktionalität ab, als die zwei im Folgenden näher beschriebenen Klassen.

Da es sich um eine Standardbibliothek handelt, ist es nicht nötig, die Bibliothek im Projekt hinzuzufügen. Im Quellcode der aufrufenden Klasse ist aber dennoch ein Verweis auf die Bibliothek nötig:

```
import import java.net.*;
```

8.3.1 Das Prinzip der UDP-Kommunikation

Anders als bei TCP/IP sprechen wir bei UDP nicht von Client und Server, sondern von empfangendem und sendendem Partner.

Der empfangende Partner erzeugt einen `DatagramSocket` und wartet auf ein Datagramm.

Der sendende Partner erzeugt ebenfalls einen `DatagramSocket` und versendet ein Datagramm über diesen Socket.

Dabei verwenden beide Partner identische Sockets. Sie unterscheiden sich nur in der verwendeten Socket-Methode. Falls eine Antwort nötig ist, kann der empfangende Partner diese über den Socket versenden, über den er das Datagramm empfangen hat. Umgekehrt kann der sendende Partner die Nachricht über den Socket empfangen, über den er seine versandt hat.

Da UDP die Übertragung nicht sichert/sicherstellt, muss der empfangende Partner empfangsbereit sein, wenn der sendende Partner sendet. Andernfalls geht die gesendete Nachricht ohne Fehlermeldung verloren.

Die übertragenen Daten werden in `DatagramPacket`-Instanzen gespeichert. Hierbei handelt es sich im Prinzip um Datenpuffer, also `byte[]`-Arrays, die zusätzlich Adresse und Port des Datagramms beinhalten. Bei einem zu versendenden Datagramm stellen diese Daten die Zieladresse dar. Bei einem empfangenen Datagramm handelt es sich um die Absenderadresse.

8.3.2   Eine Beispielanwendung (Unicast)

Für die Kommunikation sind zwei Partner nötig, deshalb werden hier nun zwei Projekte dargestellt.

Der Sender sendet zyklisch Daten an den Receiver. Der Receiver empfängt die Daten und gibt sie auf der Konsole aus. Eine Antwort ist nicht vorgesehen. So kann demonstriert werden, dass der Sender seine Nachrichten auch absetzen kann, wenn der Receiver nicht empfängt. In diesem Fall gehen die gesendeten Nachrichten verloren, siehe auch Abschn. 8.3.2.3.

8.3.2.1   Der Receiver
Der Receiver erzeugt über den Aufruf

```
udpSocket = new DatagramSocket(meinPort);
```

zunächst einen `DatagramSocket` und bindet ihn an den Port `meinPort`. Durch diese Bindung kann er über den Port Datagramme empfangen und senden.

Die Empfangsmethode `DatagramSocket.receive()` reserviert nicht den für die Nachricht notwendigen Speicher, sondern erwartet als Parameter eine Instanz von `DatagramPacket` mit einem ausreichend großen Puffer, in den sie schreiben kann. Sollte das empfangene Datagramm größer als der Puffer sein, wird der Teil verworfen, der nicht mehr in den Puffer passt. Die Länge der empfangenen Nachricht kann über `DatagramPacket.getLength()` abgefragt werden. In unserem Beispiel werden 10 Byte reserviert:

```
bytePuffer = new byte[10];
udpPaket = new DatagramPacket(bytePuffer,bytePuffer.
    length);
```

Damit können nun Datagramme empfangen werden. In unserem Beispiel geschieht das in einer Endlosschleife.

```
do {
    udpSocket.receive(udpPaket);
    zahl = udpPaket.getData()[0];
    System.out.println("Receiver Empfangen: "+zahl + "
        insgesamt " + udpPaket.getLength() + " Bytes.");
}
while(true);
```

Beim Umgang mit den empfangenen Daten zeigt sich eine Unannehmlichkeit: Der Puffer wird als reines Byte-Array behandelt und kann nicht einfach in die elementaren Datentypen wie `int`, `double` umgewandelt werden. Um hier nicht tiefer einsteigen zu müssen, wird in diesem Beispiel nur ein Byte übertragen.[1]

Listing 8.1 zeigt den gesamten Code für den Receiver.

---

[1] Eine elegante Methode zum Umgang mit dieser Problematik besteht in der Nutzung eines `ByteBuffer`. Mit den Methoden `getChar`, `getInt`, `get Double` können die entsprechenden Datentypen konsekutiv aus dem Array gelesen bzw. mit den entsprechenden Put-Methoden in das Array geschrieben werden.

Alternativ könnten auch die Klassen `ByteArrayOutputStream` und `ByteArrayInputStream` verwendet werden. Damit können die bekannten Stream-Klassen, wie z. B: `DataOutputStream` verwendet werden, um ein Byte-Array zu erzeugen, das dann als Datagramm versandt werden kann. Allerdings muss der Programmierer dabei darauf achten, dass das resultierende ByteArray nicht größer wird, als das maximal zulässige Datagramm. Das empfangene Datagramm kann dann über `DataInputStream` gelesen werden.

8.3.2.2   Der Sender

Der Sender erzeugt wie der Receiver einen `DatagramSocket` und
ein `DatagramPacket`:

```
udpSocket = new DatagramSocket();
bytePuffer = new byte[10];
udpPaket = new DatagramPacket(bytePuffer,bytePuffer.
    length);
```

Der Socket wird nicht an einen Port gebunden, da dieses Programm nur sendet. Sollte der Receiver antworten wollen, kann
er das über die dem empfangenen Datagramm zugeordnete Absenderadresse `DatagramPacket.getInetAddress()` und `Datagram
Packet.getPort()` tun.

Damit können nun Datagramme gesendet werden:

```
do {
  byte [] data = new byte[1];
  data[0] = (byte)zahl--;
  udpPaket.setData(data);
  udpPaket.setLength(data.length);
  udpPaket.setPort(seinPort);
  udpPaket.setAddress(seineAdresse);
  udpSocket.send(udpPaket);
  System.out.println("Sender_gesendet:_"+zahl);
  Thread.sleep(1000);
}
while(true);
```

Listing 8.2 zeigt den gesamten Code für den Sender.

8.3.2.3   Testfälle

Aus der Beschreibung des Kommunikationsablaufs ergibt sich,
dass es sinnvoll ist, den Receiver vor dem Sender zu starten, damit
der Receiver von Anfang an „horcht", ob Daten kommen.

Das „Horchen" entsteht dadurch, dass der Aufruf `Datagram
Socket.receive()` solange blockiert, bis Daten ankommen. Wenn
dieses Verhalten nicht gewünscht ist, kann über `DatagramSocket
.setSoTimeout()` eine maximale Wartezeit angegeben werden.
Sollte innerhalb dieser Zeit kein Datagramm empfangen werden,
wirft die Methode `DatagramSocket.receive()` eine `java.net.
SocketTimeoutException`.

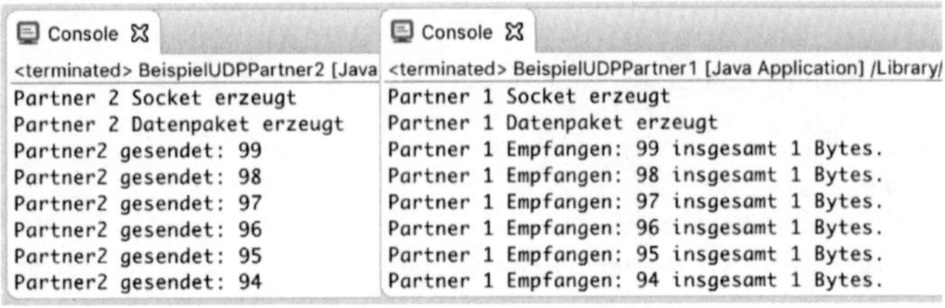

Abb. 8.2 Receiver vor Sender gestartet

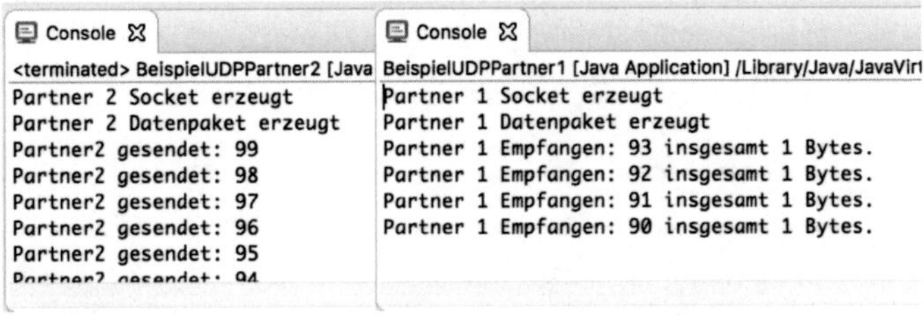

Abb. 8.3 Sender vor Receiver gestartet

Abb. 8.2 zeigt, dass alle Nachrichten vom Sender empfangen werden, wenn der Receiver vor dem Sender gestartet wird.

Wird dagegen der Sender vor dem Receiver gestartet, gehen die Pakete verloren, die gesendet wurden bevor der Receiver empfangsbereit war (Abb. 8.3), da UDP die Übertragung nicht sicherstellt.

Listing 8.1 Code für den Receiver

```
import java.io.IOException;
import java.net.DatagramPacket;
import java.net.DatagramSocket;
import java.net.InetAddress;
import java.net.UnknownHostException;

public class UDPReceiver {
  DatagramSocket udpSocket;
  byte[] bytePuffer;
  DatagramPacket udpPaket;
```

```
public UDPReceiver(int meinPort) throws IOException {
  udpSocket = new DatagramSocket(meinPort);
  System.out.println("Receiver_Socket_erzeugt");
  bytePuffer = new byte[10];
  udpPaket = new DatagramPacket(bytePuffer,bytePuffer.
      length);
  System.out.println("Receiver_Datenpaket_erzeugt");
}

public void tuWas() throws IOException {
  int zahl;

  do {
    udpSocket.receive(udpPaket);
    zahl = udpPaket.getData()[0];
    System.out.println("Receiver_Empfangen:_"+zahl + "_
        insgesamt_" + udpPaket.getLength() + "_Bytes.")
        ;
  }
  while(true);
}

public void disconnect() throws IOException {
  udpSocket.close();
}

public static void main(String[] args) throws
    UnknownHostException, IOException {
  UDPReceiver meinReceiver = new UDPReceiver(4711);

  meinReceiver.tuWas();

  meinReceiver.disconnect();
}
}
```

Listing 8.2 Code für den Sender

```
import java.io.IOException;
import java.net.DatagramPacket;
import java.net.DatagramSocket;
import java.net.InetAddress;
import java.net.UnknownHostException;
```

```java
public class UDPSender {
  InetAddress seineAdresse;
  int seinPort;
  DatagramSocket udpSocket;
  byte[] bytePuffer;
  DatagramPacket udpPaket;

  public UDPSender(InetAddress seineAdresse, int seinPort
      ) throws IOException {
    udpSocket = new DatagramSocket();
    System.out.println("Sender_Socket_erzeugt");
    bytePuffer = new byte[10];
    udpPaket = new DatagramPacket(bytePuffer,bytePuffer.
        length);
    System.out.println("Sender_Datenpaket_erzeugt");
    this.seineAdresse = seineAdresse;
    this.seinPort = seinPort;
  }

  public void tuWas(int startWert) throws IOException,
      InterruptedException {
    int zahl = startWert;

    do {
      byte [] data = new byte[1];
      data[0] = (byte)--zahl;
      udpPaket.setData(data);
      udpPaket.setLength(data.length);
      udpPaket.setPort(seinPort);
      udpPaket.setAddress(seineAdresse);
      udpSocket.send(udpPaket);
      System.out.println("Sender_gesendet:_"+zahl);
      Thread.sleep(1000);
    }
    while(true);
  }

  public void disconnect() throws IOException {
    udpSocket.close();
  }
```

```
public static void main(String[] args) throws
    UnknownHostException, IOException,
    InterruptedException {
UDPSender meinSender = new UDPSender(InetAddress.
    getByName("127.0.0.1"),4711);

meinSender.tuWas(100);

meinSender.disconnect();
}
}
```

8.3.3 Eine Beispielanwendung (Broadcast)

Bei dem Beispiel aus Abschn. 8.3.2 gibt es einen Sender und
einen Empfänger. Damit unterscheidet es sich nicht von dem
TCP/IP-Code aus Kap. 7. UDP erlaubt es aber auch, Nachrichten
von einem Sender an viele Empfänger zu senden.

Der ältere Ansatz dafür ist der Broadcast. Dabei sendet der
Sender nicht je ein Paket an viele Empfängeradressen, sondern ein
einziges Paket an eine spezielle Adresse, die Broadcast-Adresse.
Die Broadcast-Adresse wird gebildet, indem alle Bits außer der
Netzwerkadresse auf 1 gesetzt werden. Ein derartiger Broadcast
erreicht alle Teilnehmer in einem Subnetz. Alternativ kann auch
die Adresse 255.255.255.255 verwendet werden. Diese erreicht
alle Teilnehmer innerhalb aller Subnetze eines Netzwerks. Der
Router, der die Verbindung des Netzwerks zum Internet herstellt,
gibt die Pakete aber nicht ins Internet weiter.

Zentraler Kritikpunkt bei diesem Ansatz ist, dass Broadcast-
Pakete von allen auf dem entsprechenden Port empfangenden Geräten im Netz gelesen und, falls sie nicht von Interesse für das
Gerät sind, verworfen werden müssen. In Szenarios, bei denen
nur wenige, aber über mehrere Netze verteilte Geräte die Pakete
tatsächlich empfangen wollen, werden in vielen Subnetzen Pakete
erzeugt, die kein Gerät im Subnetz empfangen will. Das ist auch
der Grund dafür, dass Broadcasts an 255.255.255.255 nicht ins

Internet geroutet werden. Aufgrund dieser Kritik wird der Broadcast nur bei IPv4 unterstützt.

Listing 8.3 zeigt den Code für den Empfänger. Der Code entspricht dem des Receivers aus Listing 8.1

Listing 8.4 zeigt den Code für den Sender. Bis auf die Adresse, an die gesendet wird, entspricht dieser Code dem des Senders aus Listing 8.2

Listing 8.3 Code für den Empfänger

```
import java.io.IOException;
import java.net.DatagramPacket;
import java.net.DatagramSocket;
import java.net.UnknownHostException;

public class UDPBroadcastReceiver {
  int broadcastPort;
  DatagramSocket broadcastSocket;
  byte[] bytePuffer;
  DatagramPacket udpPaket;

  public UDPBroadcastReceiver(int broadcastPort) throws
      IOException {

    broadcastSocket = new DatagramSocket(broadcastPort);
    System.out.println("Receiver Socket erzeugt");

    bytePuffer = new byte[10];
    udpPaket = new DatagramPacket(bytePuffer,bytePuffer.
        length);
    System.out.println("Receiver Datenpaket erzeugt");
    this.broadcastPort = broadcastPort;
  }

  public void tuWas() throws IOException {
    int zahl;

    do {
      broadcastSocket.receive(udpPaket);
      zahl = udpPaket.getData()[0];
      System.out.println("Receiver Empfangen: "+zahl + " 
          insgesamt " + udpPaket.getLength() + " Bytes.")
          ;
```

```
    }
    while(true);
  }

  public void disconnect() throws IOException {
    broadcastSocket.close();
  }

  public static void main(String[] args) throws
      UnknownHostException, IOException {
    UDPBroadcastReceiver meinEmpfaenger = new
        UDPBroadcastReceiver(4711);

    meinEmpfaenger.tuWas();

    meinEmpfaenger.disconnect();
  }
}
```

Listing 8.4 Code für den Sender

```
import java.io.IOException;
import java.net.DatagramPacket;
import java.net.DatagramSocket;
import java.net.InetAddress;
import java.net.UnknownHostException;

public class UDPBroadcastSender {
  InetAddress braodcastAdresse;
  int broadcastPort;
  DatagramSocket broadcastSocket;
  byte[] bytePuffer;
  DatagramPacket udpPaket;

  public UDPBroadcastSender(InetAddress broadcastAdresse,
      int broadcastPort) throws IOException {
    broadcastSocket = new DatagramSocket();
    System.out.println("Sender_Socket_erzeugt");

    bytePuffer = new byte[10];
    udpPaket = new DatagramPacket(bytePuffer,bytePuffer.
        length);
    System.out.println("Sender_Datenpaket_erzeugt");
```

```java
    this.braodcastAdresse = broadcastAdresse;
    this.broadcastPort = broadcastPort;
  }

  public void tuWas(int startWert) throws IOException,
       InterruptedException {
    int zahl = startWert;

    do {
      byte [] data = new byte[1];
      data[0] = (byte)--zahl;
      udpPaket.setData(data);
      udpPaket.setLength(data.length);
      udpPaket.setPort(broadcastPort);
      udpPaket.setAddress(braodcastAdresse);
      broadcastSocket.send(udpPaket);
      System.out.println("Partner2 gesendet: " + zahl);
      Thread.sleep(1000);
    }
    while(true);
  }

  public void disconnect() throws IOException {
    broadcastSocket.close();
  }

  public static void main(String[] args) throws
       UnknownHostException, IOException,
       InterruptedException {
    UDPBroadcastSender meinSender = new
        UDPBroadcastSender(
        InetAddress.getByName("255.255.255.255"),4711);
            // alle Rechner innerhalb des Firmennetzes

    meinSender.tuWas(100);

    meinSender.disconnect();
  }
}
```

8.3.4 Eine Beispielanwendung (Multicast)

Ein Multicast unterscheidet sich von einem Broadcast dadurch, dass die Pakete nur an die Geräte zugestellt und ggf. auch geroutet werden, die die Pakete auch empfangen wollen. Der Grundansatz ist identisch zum Broadcast: Der Sender sendet ein Paket an die Multicast-Adresse und alle Empfänger empfangen dieses. Neu ist, dass sich die Empfänger für das Empfangen der Pakete „anmelden" müssen, indem sie der Multicast-Gruppe beitreten. Diese Funktionalität ist in der Klasse `MulticastSocket` gekapselt. Die Anmeldung erfolgt durch die Methode `MulticastSocket.joinGroup(INETAddress)`.

Listing 8.6 zeigt den Code für den Empfänger. Der Code entspricht weitgehend dem des Empfängers aus Listing 8.1. Allerdings sind zwei Änderungen notwendig: Der Socket muss an der Multicast-Gruppe angemeldet werden. Bevor das geschieht muss das Netzwerkinterface festgelegt werden, das angemeldet wird.

```
multicastSocket.setNetworkInterface(NetworkInterface.
    getByName("en0"));
multicastSocket.joinGroup(multicastAdresse);
```

Dazu etwas Hintergrund: Die meisten Rechner verfügen über mehrere Netzwerkinterfaces. Das können mehrere phyikalische Schnittstellen sein (WLAN und Kabel) oder auch logische (Standard und VPN). Bei der Anmeldung des Sockets in der Gruppe muss der Programmierer angeben, über welches Netzwerk er die Multicast-Telegramme empfangen will. Beim Broadcast war das nicht nötig. Der Socket konnte einfach auf allen Netzwerken empfangen. Für die Anmeldung an der Gruppe sendet der an sich passive Empfangssocket aber eine Nachricht und die sollte nur über ein Netzwerk gehen.

Listing 8.6 zeigt den Code für den Sender. Bis auf die Adresse, an die gesendet wird, entspricht dieser Code dem des Senders aus Listing 8.2

Listing 8.5 Code für den Empfänger

```
import java.io.IOException;
import java.net.DatagramPacket;
import java.net.InetAddress;
```

```java
import java.net.MulticastSocket;
import java.net.NetworkInterface;
import java.net.UnknownHostException;

public class UDPMulticastReceiver {
  InetAddress multicastAdresse;
  int multicastPort;
  MulticastSocket multicastSocket;
  byte[] bytePuffer;
  DatagramPacket udpPaket;

  public UDPMulticastReceiver(InetAddress
      multicastAdresse, int multicastPort) throws
      IOException {
    multicastSocket = new MulticastSocket(multicastPort);
    System.out.println("Receiver_Socket_erzeugt");

    // Der Socket muss an ein Netzwerkinterface gebunden
        werden
    // Unter Windows ist das sowas wie "eth0"; unter OS X
          "en0"; unter Linux "eth0"
    multicastSocket.setNetworkInterface(NetworkInterface.
        getByName("en0"));
    System.out.println(multicastSocket.
        getNetworkInterface());

    multicastSocket.joinGroup(multicastAdresse);

    bytePuffer = new byte[10];
    udpPaket = new DatagramPacket(bytePuffer,bytePuffer.
        length);
    System.out.println("Receiver_Datenpaket_erzeugt");
    this.multicastAdresse = multicastAdresse;
    this.multicastPort = multicastPort;
  }

  public void tuWas() throws IOException {
    int zahl;

    do {
      multicastSocket.receive(udpPaket);
      zahl = udpPaket.getData()[0];
```

```
        System.out.println("Receiver␣Empfangen:␣"+zahl + "␣
            insgesamt␣" + udpPaket.getLength() + "␣Bytes.")
            ;
    }
    while(true);
  }

  public void disconnect() throws IOException {
    multicastSocket.close();
  }

  public static void main(String[] args) throws
      UnknownHostException, IOException {
    UDPMulticastReceiver meinEmpfaenger = new
        UDPMulticastReceiver(InetAddress.getByName("
        224.255.255.255"),4711);

    meinEmpfaenger.tuWas();

    meinEmpfaenger.disconnect();
  }
}
```

Listing 8.6 Code für den Sender

```
import java.io.IOException;
import java.net.DatagramPacket;
import java.net.InetAddress;
import java.net.MulticastSocket;
import java.net.UnknownHostException;

public class UDPMulticastSender {
  InetAddress multicastAdresse;
  int multicastPort;
  MulticastSocket multicastSocket;
  byte[] bytePuffer;
  DatagramPacket udpPaket;

  public UDPMulticastSender(InetAddress multicastAdresse,
      int multicastPort) throws IOException {
    multicastSocket = new MulticastSocket();
    System.out.println("Sender␣Socket␣erzeugt");
```

```java
    bytePuffer = new byte[10];
    udpPaket = new DatagramPacket(bytePuffer,bytePuffer.
        length);
    System.out.println("Sender_Datenpaket_erzeugt");
    this.multicastAdresse = multicastAdresse;
    this.multicastPort = multicastPort;
  }

  public void tuWas(int startWert) throws IOException,
      InterruptedException {
    int zahl = startWert;

    do {
      byte [] data = new byte[1];
      data[0] = (byte)--zahl;
      udpPaket.setData(data);
      udpPaket.setLength(data.length);
      udpPaket.setPort(multicastPort);
      udpPaket.setAddress(multicastAdresse);
      multicastSocket.send(udpPaket);
      System.out.println("Partner2_gesendet:_" + zahl);
      Thread.sleep(1000);
    }
    while(true);
  }

  public void disconnect() throws IOException {
    multicastSocket.close();
  }

  public static void main(String[] args) throws
      UnknownHostException, IOException,
      InterruptedException {
    UDPMulticastSender meinSender = new
        UDPMulticastSender(InetAddress.getByName("
        224.255.255.255"),4711);

    meinSender.tuWas(100);

    meinSender.disconnect();
  }
}
```

Übungsaufgaben

(Lösungsvorschläge in Abschn. A.6)

8.1
Erstellen Sie eine Anwendung, die einen Wert hochzählt und diesen Wert als Zeichenkette per UDP/IP jede Sekunde an die Adresse `127.0.0.1` und den Port 4711 schickt.

8.2
Erstellen Sie eine Anwendung, die am Port 4711 auf ein UDP/IP-Paket wartet und den Inhalt des Paketes ausgibt.

Synthese: Web Services

9

Zusammenfassung

Dieses Kapitel stellt zunächst die Grundidee eines Web Service vor und geht dann auf die Implementierung von SOAP-Services und REST-Services ein. Zur Abrundung wird auch eine komplett selbst entwickelte Lösung präsentiert. Das Kapitel schließt mit einer Gegenüberstellung der verschiedenen Ansätze.

9.1 Grundidee eines Web Service

Die Kap. 5 bis 8 haben gezeigt, wie Client und Server kommunizieren können. Die Kommunikation besteht dabei praktisch immer aus einer Anfrage und einer Antwort. Für die Übertragung der in Anfrage und Antwort enthaltenen Daten wird dabei ein Dateiformat benötigt (siehe Kap. 2 bis 4). Programmiertechnisch lässt sich diese Kommunikation mit den in Abb. 9.1 dargestellten Schritten realisieren.

Für die Anwendung ist serverseitig eigentlich nur Schritt 4 interessant. Hier wird eine Methode ausgeführt, die die Daten für die Antwort liefert. Clientseitig sind Schritt 2, der die Methode auf dem Server spezifiziert, und Schritt 4, der die Antwort zur

© Springer Fachmedien Wiesbaden GmbH, ein Teil von Springer Nature 2019
V. Plenk, *Angewandte Netzwerktechnik kompakt*, IT kompakt,
https://doi.org/10.1007/978-3-658-24523-8_9

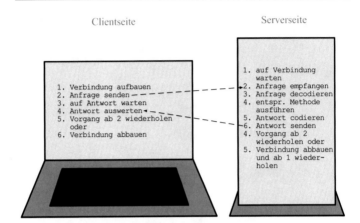

Clientseite   Serverseite

1. Verbindung aufbauen
2. Anfrage senden
3. auf Antwort warten
4. Antwort auswerten
5. Vorgang ab 2 wiederholen
   oder
6. Verbindung abbauen

1. auf Verbindung
   warten
2. Anfrage empfangen
3. Anfrage decodieren
4. entspr. Methode
   ausführen
5. Antwort codieren
6. Antwort senden
4. Vorgang ab 2
   wiederholen oder
5. Verbindung abbauen
   und ab 1 wieder-
   holen

Abb. 9.1 Schritte bei der Kommunikation

Verfügung stellt, interessant. Diese Erkenntnis ist nicht neu. Bereits 1976 formulierte J. E. White in [21]:

> The thesis of the present paper is that one of the keys to facilitating network resource sharing lies in (1) isolating as a separate protocol the command/response discipline common to a large class of applications protocols; (2) making this new, application-independent protocol flexible and efficient; and (3) constructing at each installation a RTE that employs it to give the applications programmer easy and high-level access to remote resources.

Denkt man den Gedanken zu Ende, ergibt sich eine Technik, in der der Client eine Methode auf dem Server aufrufen kann. Diese Struktur wird als „remote procedure call" (RPC) bezeichnet. Es handelt sich um ein Verfahren zur Kommunikation zwischen zwei Prozessen, die meist auf zwei verschiedenen Rechnern ausgeführt werden. Das Verfahren ermöglicht dem Client den Aufruf von Methoden auf dem Server.

Diese Idee ist sehr attraktiv und wurde in der Vergangenheit oft implementiert. Allerdings hat sich noch keine einheitliche, plattformunabhängige Lösung herauskristallisiert. Die existierenden Implementierungen sind in der Regel untereinander nicht kom-

patibel und verlangen oft dieselbe Programmiersprache und dasselbe Betriebssystem auf Client und Server.

Heute sind immer mehr Geräten mit dem Internet verbunden. Dort stehen viele, teilweise einfache Dienste zur Verfügung,
wie z. B. die Zuordnung eines Ortes zu einer IP-Adresse[1]. Diese
Dienste werden als Web Services bezeichnet.

Ein Webservice ist eine konkrete Ausprägung eines RPC. Ein
Webservice wird charakterisiert durch einen Uniform Resource
Identifier (URI), also seine Adresse, und eine Schnittstellenbe-
schreibung, also eine Liste der von ihm angebotenen Methoden.

Bei einem Webservice erfolgt die Kommunikation in den meisten Fällen über HTTP oder HTTPS. Wegen seiner weiten Ak-
zeptanz und Verbreitung ist in praktisch jedem Unternehmen ein
Zugriffsweg für dieses Protokoll vorhanden. Für andere, nicht so
verbreitete Protokolle sind in den typischen Sicherheitslösungen
dagegen meist keine Zugriffswege vorgesehen. Ausnahmen beu-
deten Arbeit für die Systemverwalter und stoßen (nicht nur) deswegen oft auf Widerstand.

Moderne Web Services stellen Verbindungen zwischen sehr
unterschiedlichen Plattformen her, von Java-EE bis hin zu Mi-
crosoft .Net ebenso wie zwischen ARM- und Intel-Prozessoren.
Jede Plattform und jeder Prozessor stellt Daten in einem eigenen
Binärformat dar (siehe auch Kap. 2.2). Web Services lösen dieses
Problem durch den Einsatz standardisierter Datenformate.

Im Prinzip ist schon eine einfache, wie die in Kap. 5.8 beschriebene Webseite, die eine HTTP-Anfrage mit einer JSON-
Datei beantwortet, ein Webservice. Ein „echter" Webservice wird
aber nicht nur feste Ergebnisse zurückliefern, sondern auch Parameter akzeptieren, die das Ergebnis beeinflussen.

Seit 2000 haben sich zwei konkurrierende Ansätze herausge-
bildet: SOAP (ursprünglich Simple Object Access Protocol), dessen erste Definition aus 1998 stammt, und REpresentational State
Transfer (REST), das 2000 vorgestellt wurde.

SOAP ist also etwas älter und wurde lange als der einzige Standard für Web Services gehandelt. Die SOAP-Spezifikation wurde
inzwischen als W3C recommendation veröffentlicht [20], so dass

---

[1] https://ipstack.com/documentation#standard

verschiedene Implementierungen relativ gut miteinander zusammenarbeiten. REST ist dagegen ein Architekturstil, also ein Vorschlag zum Aufbau einer Schnittstelle. Damit wird jede REST-Implementierung etwas anders ausfallen.

9.2 SOAP

SOAP definiert, wie die Nachrichten transportiert und wie sie codiert werden. Zusätzlich spezifiziert es mit der Web Services Description Language (WSDL) eine maschinenlesbare Beschreibung der von einem Service angebotenen Methoden.

Diese Beschreibung ist komplex und für Menschen schlecht zu lesen, hat aber den ganz großen Vorteil, dass damit auf der Clientseite Codegeneratoren eingesetzt werden können, die die gesamte Codierung, Übertragung und Decodierung von Kommando, Parametern und Rückgabewerten kapseln und sogenannte Stubs (oder Proxys) bereitstellen: Methoden mit der gleichen Signatur wie bei der Servermethode, so dass der Programmierer gar nicht mehr bemerken muss, ob eine Methode lokal in seiner Anwendung oder remote auf einem Server ausgeführt wird.

SOAP überträgt alle Daten als XML-Nachrichten. Auch WSDL basiert auf dem XML-Format. XML steht dabei für Extensible Markup Language, ein mit JSON vergleichbares, aber deutlich komplexeres Dateiformat.

9.3 Beispiel: Studentenverwaltung als SOAP-Service

Als Beispielanwendung greifen wir wieder die Studentenverwaltung auf. Wir wollen einen Webservice realisieren, der folgende Methoden bereitstellt. Diese stellen die Schnittstelle zwischen Client und Server dar.

MatrikelnummerZuName Diese Methode sucht die Matrikelnummer zum übergebenen Studentennamen und gibt sie zurück. Ist der Name unbekannt, gibt sie -1 zurück.

`StudienleistungZuMatrikelnummer` Diese Methode gibt die Studienleistungen zur übergebenen Matrikelnummer zurück. Sollte die Matrikelnummer unbekannt sein oder der Student noch keine Studienleistungen erbracht haben, gibt sie `null` zurück.

Für die Umsetzung in Java setzen wir wieder eine Bibliothek ein. Dabei haben wir Glück, denn mit JAX-WS gibt es in den neueren Java-Versionen ab 1.6 eine Bibliothek, die in einer Standard Java-Installation enthalten ist. Wir brauchen sie nur mit `import javax.jws.*` einzubinden.

Für die Implementierung müssen wir die beiden Methoden mit einem Interface entsprechend Listing 9.1 beschreiben. Die Annotationen wie `@WebService` und `@WebParam( name = "matrikelNummer")` kennzeichnen die Stellen, aus denen der Java-Compiler die Beschreibung des Webservice ableitet. Tab. 9.1 zeigt die wichtigsten Annotationen, die mit `import javax.jws.*` eingebunden werden.

Tab. 9.1 Überblick der wichtigsten Annotationen

Annotation	Description
`@WebService`	Kennzeichnet eine Java-Klasse als Implementierung eines Web Service oder markiert ein Service Endpoint Interface (SEI) als Implementierung eines Web Service-Interface: `@WebService (endpointInterface = "...")`
`@WebMethod`	Kennzeichnet eine Methode als die eine Web Service-Methode Diese Annotation ist für Methoden eines SEI oder einer Implementierungsklasse für Server-Endpunkte gedacht
`@WebParam`	Passt die Zuordnung eines einzelnen Parameters zu einer Web Service Nachricht an Diese Annotation ist für Methoden eines SEI oder einer Implementierungsklasse für Server-Endpunkte gedacht `@WebParam(Name = "...", targetNamespace = "")`

Listing 9.1 Interface unseres Servers

```
package soapServer;

import javax.jws.*;

@WebService
public interface VerwaltungInterface
{
  public int martikelnummerZuName( @WebParam( name = "
      name" ) String name );

  public Leistung[] studienleistungZuMartikelnummer(
      @WebParam( name = "matrikelNummer" ) int
      matrikelNummer );
}
```

9.3.1   Der Servercode

Serverseitig müssen wir diese Methoden implementieren, wie in
Listing 9.2 gezeigt. Der Code sieht genauso aus, wie Code, der
lokal aufgerufen werden soll. Das Bereitstellen der Netzwerk-
schnittstelle, die Übertragung der Daten und den Aufruf der zur
empfangenen Anfrage passenden Methoden übernimmt die Bibliothek. Der Code aus diesem Listing greift auf den sehr einfach
gehaltenen Datenspeicher aus Listing 2.1 zu.

Listing 9.2 Implementierung des Interfaces aus Listing 9.1 im Servercode

```
package soapServer;

import javax.jws.WebService;

@WebService( endpointInterface="soapServer.
    VerwaltungInterface" )
public class VerwaltungImpl implements
    VerwaltungInterface
{
  @Override
  public int martikelnummerZuName(String name)
  {
```

```java
System.out.print("matrikelNummerZuName: "+ name);
Student s = Speicher.getSucheMatrikelNummerZuName(
    name);

if(s != null)
{
  System.out.println(" "+ s.matrikelNummer);
  return s.matrikelNummer;
}

System.out.println(" nicht gefunden");
return -1;
}

@Override
public Leistung[] studienleistungZuMartikelnummer(int
    matrikelNummer)
{
  System.out.print("StudienleistungZuMartikelnummer: "+
      matrikelNummer);

  Student s = Speicher.getStudentenInfoZuMatrikelNummer
      (matrikelNummer);

  if(s != null)
  {
    System.out.println(" "+ s.name + " mit " + s.
        leistungen.length + " Leistungen");
    return s.leistungen;
  }

  System.out.println(" nicht gefunden");
  return null;
}
}
```

Jetzt bleibt nur noch das Bereitstellen des Web Service. Diese
Funktion übernimmt ein Endpoint. Der Code Endpoint.publish(
url, new VerwaltungImpl()); startet einen Web Service. Seine
URL ist url. Mit new VerwaltungImpl() erzeugen wir eine Instanz
der Verwaltungsklasse und übergeben sie an den Endpoint, damit
er die Methoden aus dem Interface aufrufen kann.

Listing 9.3 Die Hauptklasse des Servers

```
package soapServer;

import javax.xml.ws.Endpoint;

public class SoapServer
{
  public static void main(String[] args)
  {
    // SOAP Service erstellen
    String url = "http://localhost:4434/verwaltung";
      Endpoint.publish( url, new VerwaltungImpl() );
      System.out.println("SOAP-Server gestartet: "+url);
  }
}
```

9.3.2 Der Clientcode

Als nächstes wollen wir den Clientcode implementieren. Der Client ruft zunächst die Matrikelnummer zum übergebenen Namen und anschließend die Leistungen zu dieser Matrikelnummer ab. Im Code sieht das folgendermaßen aus:

```
int matrikelNummer = verwaltung.matrikelnummerZuName(
    name);
if (matrikelNummer != -1) {
  Leistung[] leistungen = verwaltung.
      studienleistungZuMatrikelnummer(matrikelNummer);
}
```

Auf den ersten Blick gibt es keinen Unterschied zu einem lokalen Aufruf der in Listing 9.2 implementierten Methoden. Die Bibliothek versteckt den Webservice in der Instanz des VerwaltungInterface. Diese wird auch als Stub oder Proxy bezeichnet. Der Stub wird durch die Klasse Service aus dem Web Service erzeugt.

```
Service service = Service.create(
    new URL(url + "?wsdl"),
    new QName("http://soap/", "VerwaltungImplService"
        ));
```

```
VerwaltungInterface verwaltung = service.getPort(
    VerwaltungInterface.class);
```

`Service.create` ruft entsprechend dem Parameter `new URL(url + "?wsdl")` die WSDL-Datei, die den Service beschreibt, beim Server ab.

Tab. 9.2 gibt einen Überblick über die wichtigsten Methoden der Klasse `Service`.

Wir können diese Datei auch im Browser abrufen, indem wir die URL des Service mit dem Argument `?wsdl` ergänzen. Der Browser wird dann eine XML-Beschreibung ähnlich Abb. 9.2 zeigen. Diese Datei beschreibt den Service. Um sie zu verstehen, fangen wir oben mit dem Lesen an: Im ersten nicht grau maskierten Bereich stehen Name und Namespace des Service. Diese Informationen müssen wir beim Erzeugen des Service im Clientprogramm angeben (`new QName("http://soap/", "VerwaltungImplService")`. Der nächste nicht maskierte Abschnitt zeigt beispielhaft zwei Nachrichten, die von der im dritten Abschnitt gezeigten Methode empfangen, bzw. gesendet werden.

Insgesamt ergibt sich damit der Clientcode in Listing 9.4. Der einfache Aufruf über das `VerwaltungInterface` führt zu einer sehr engen Verbindung zwischen Client- und Servercode. Wie die Zeilen

Tab. 9.2 Überblick der wichtigsten Methoden von `Service`

Methode	Beschreibung
`create(serviceName)`	Erzeugt eine Instanz des Service mit dem Namen `serviceName`
`create(wsdlDocumentLocation, serviceName)`	Erzeugt eine Instanz des Service mit dem Namen `serviceName` und der WSDL mit der URL `wsldDocumentLocation`
`getPort(PortName, serviceEndointInterface)` `getPort(seviceEndpointInterface)`	Diese Methoden geben einen Stub zurück. Der Client verwendet diesen Stub, um Operationen auf dem Server aufzurufen `portName` spezifiziert den Name des Service Endpoints in der WSDL Beschreibung `serviceEndpointInterface` gibt den Interface-Typ des Stub an

Abb. 9.2 Auszüge aus der von der Runtime automatisch generierten WSDL-Datei

```
import soapServer.Leistung;
import soapServer.VerwaltungInterface;
```

im Kopf des Codes zeigen, verwendet der Clientcode die Klassen Leistung und VerwaltungInterface des Servers.

Listing 9.4 Code für den Client

```
package soapClient;

import java.net.URL;
import javax.xml.namespace.QName;
import javax.xml.ws.Service;
```

```java
// Eigener Server
import soapServer.Leistung;
import soapServer.VerwaltungInterface;

// Server von Webseite
//import soap.Leistung;
//import soap.VerwaltungInterface;

public class SoapClient
{
  public static void main(String[] args) throws Throwable
  {
    // URL des Servers
    // Eigener Server
    String url ="http://localhost:4434/verwaltung";
    // Server von Webseite
    // String url = "http://angewnwt.hof-university.de
        :4437/verwaltung";
    // Name des Studenten, fuer den wir anfragen
    String name = "Hannah Becker";

    // Verbindung zum Server aufbauen
    Service service = Service.create(
        new URL(url + "?wsdl"),
        new QName("http://soapServer/", "
            VerwaltungImplService"));

    // Stub-Methoden bereitstellen
    VerwaltungInterface verwaltung = service.getPort(
        VerwaltungInterface.class);

    // Server abfragen: 1) Matrikelnummer zu Name
    int matrikelNummer = verwaltung.martikelnummerZuName(
        name);
    System.out.println("\nMartikelNummer: " +
        matrikelNummer);

    if (matrikelNummer != -1)
    {
      // Server abfragen: 2) leistungen zur
          Matrikelnummer
```

```
Leistung[] leistungen = verwaltung.
   studienleistungZuMartikelnummer(matrikelNummer)
   ;

if (leistungen != null)
{
  System.out.println(leistungen);

  for (Leistung leistung : leistungen)
  {
    System.out.println("\nLeistung:␣" + leistung.
      getModul() + "␣-␣" + leistung.getNote());
  }
 }
  }
 }
}
```

9.3.3   Einschub: Exceptions oder Rückgabewerte?

Methoden bzw. Funktionen verarbeiten Übergabeparameter und
liefern Rückgabewerte.

Im einfachen Fall, wie bei der Sinusfunktion, ist die Funktion
für alle möglichen Übergabeparameter definiert.

Bei Funktionen wie $\frac{1}{x}$ ist das nicht der Fall, es gibt eine Defi-
nitionslücke, die besonders behandelt werden muss. Die (höhere)
Mathematik löst das Problem durch den speziellen Wert $\infty = \frac{1}{0}$.
Die bisher angeführten mathematischen Beispiele sind einfach zu
verstehen und werden von Java mit den Konstanten `Double.NaN`,
`Double.NEGATIVE_INFINITY` und `Double.POSITIVE_INFINITY` abgedeckt.

Bei nicht mathematischen Methoden ist die Situation komplexer. Eine Methode wie `FileInputStream.read()` soll das nächste
Byte aus der zum Stream gehörenden Datei lesen. Was ist nun,
wenn der Stream zu Ende ist, also keine Bytes mehr gelesen werden können? Ähnliche Fragen stellen sich auch in Anwendungs-
programmen, wie unserer `Speicher`-Klasse. Wenn wir eine Matrikelnummer für einen Namen suchen, ist es sicherlich möglich,

dass wir keine finden, weil es keinen Studenten mit diesem Namen in unserer Datenstruktur gibt.

Zum Umgang mit diesem Problem gibt es zwei konkurrierende Ansätze.

9.3.3.1 Spezielle Rückgabewerte

Der ältere Ansatz sieht spezielle Rückgabewerte für Sonderfälle vor, liefert also beispielsweise bei der Anfrage nach der Matrikelnummer eine negative Zahl zurück, wenn er keinen Studenten mit dem übergebenen Namen gefunden hat. `FileInputStream.read()` macht es genauso: die gelesenen Bytes haben Werte von $0\ldots255$, sind also positiv. Wenn es nichts mehr zu lesen gibt, wird -1 zurückgegeben.

Neben dem Rückgabewert -1 wird in der Praxis auch gerne der Wert `null` anstatt einer gültigen Objektreferenz zurückgegeben. Ebenso halten wir das bei der Datenstruktur `Student`. `Student.leistungen` enthält entweder eine Referenz auf ein Array von Leistungen oder den Wert `null`, wenn noch keine Leistungen vorhanden sind.

An sich ist diese Praxis unproblematisch, solange klar ist, welche Rückgabewerte den Sonderfall kennzeichnen. Das muss vom Entwickler der aufgerufenen Methoden dokumentiert und vom Entwickler der aufrufenden Methoden beachtet werden.

Wenn diese Methode verwendet wird, ergibt sich Code im Sinne von

```
if((rueckgabe = Klasse.methode(parameter)) != <
    speziellerWert>) {
  // Verarbeiten von rueckgabe
}
else {
  // Ausgabe Fehlermeldung bzw. Fehlerbehandlung
}
```

9.3.3.2 Exceptions

Der neuere Ansatz unterscheidet zwischen Normalfall und Ausnahme. Im Ausnahmefall unterbricht er den normalen Programmablauf und springt zu einem Codeteil, der für die Fehlerbehandlung zuständig ist. In Java wird diese Ausnahmenbehandlung

durch Exceptions abgebildet. Damit ergibt sich Code im Sinne
von

```
try {
    rueckgabe = Klasse.methode(parameter);
    // Verarbeiten von rueckgabe
}
catch(Exception e) {
    // Ausgabe Fehlermeldung bzw. Fehlerbehandlung
}
```

Der Codeteil im `try`-Block wird ausgeführt, bis eine Exception
auftritt. Der Block kann durchaus mehrere aufeinanderfolgende
Methodenaufrufe enthalten.

Der Codeteil im `catch`-Block wird ausgeführt, wenn eine Exception auftritt. Es können mehrere `catch`-Blöcke für verschiedene Exceptions angegeben werden.

Exceptions müssen nicht zwingend in der Methode behandelt
werden, in der sie auftreten. Ergänzt man den Methodenrumpf um
eine `throws`-Deklaration gibt die Methode eine Exception an die
aufrufende Methode weiter.

9.3.3.3 Gegenüberstellung

Auf den ersten Blick ist das Konzept der Exceptions überle-
gen. Man kann eine ganze Reihe von Programmzeilen in den
`try`-Block schreiben, ohne sich um die Ausnahmen kümmern zu
müssen. Fehler in den aufgerufenen Methoden muss man nicht
zwingend behandeln, weil man sie mit `throw` „nach oben" wei-
tergeben kann. Insgesamt ergibt sich ein kompakter Code, den
man gut lesen kann, ohne ständig über Sonderfallverzweigungen
nachzudenken.

Warum hat man sich bei der Definition des Java-API unter anderen bei `FileInputStream.read()` für das Konzept mit den Rückgabewerten entschieden?

Ein Grund liegt sicher darin, dass es (wohl seit Dateien gelesen
werden) üblich ist, dies in einer Schleife entsprechend Abb. 9.3a
zu tun. Der Stil mit der Zuweisung an `byteRead` als Seiteneffekt
in der `if`-Abfrage ist aus heutiger Sicht zweifelhaft und geht wohl
auf Kernighan und Ritchie [7] (erste Auflage 1978) zurück. Durch
die Schleife mit klarer Abbruchbedingung ist dieser Code deut-

a

```
FileInputStream fis = new ...
int byteRead;
while((byteRead = fis.read())>=
    0) {
  \\ Lesen bis Dateiende
  system.out.println((byte)
    byteRead);
}
fis.close();
```

Rückgabe von − 1 am Dateiende

b

```
FileInputStream fis = new ...
try {
  // Endlosschleife bis
     Exception auftritt
  while(true)  {
    byteRead = fis.read();
    system.out.println((byte)
      byteRead);
  }
}
catch(EOFException e) {
  // Datei zu Ende
  fis.close();
}
```

(fiktive) EOFException am Dateiende

Abb. 9.3 Beispiel: Datei byteweise einlesen und Bytewerte auf Console ausgeben: **a** mit speziellen Rückgabewerten entsprechend der Java-API; **b** mit einer fiktiven Exception, die es im Java-API nicht gibt

lich leichter zu lesen, als der in Abb. 9.3b. Hier wird eine fiktive EOFException verwendet, um die Schleife zu beenden.

Ich selbst unterscheide zwischen einem normalen Ablauf und einer Ausnahme. Beispiele: Dass beim Lesen einer Datei deren Ende erreicht wird, ist Teil des normalen Ablaufs. Ein nicht lesbarer Block auf der Festplatte wäre eine Ausnahme. Bei der Suche nach der Matrikelnummer zum eingegebenen Namen sind beide Fälle gefunden und nicht gefunden Teil des normalen Ablaufs, denn nicht jeder mögliche Name passt zu unserem Studentenbestand. Eine abgebrochene Netzwerkverbindung ist eine Ausnahme.

Alles, was in den normalen Ablauf fällt, behandele ich mit speziellen Rückgabewerten, Ausnahmen als Exceptions. Bei der Verwendung der Java-API halte ich mich an die Festlegungen der API-Entwickler.

Tab. 9.3 Die wichtigsten Exceptions in JAX-WS

Methode	Beschreibung
WebServiceException	Diese Klasse ist die Basisklasse für alle JAX-WS exceptions
HTTPException	Diese Exception repräsentiert XML und HTTP Fehler, wie einen Verbindungsabbruch
SOAPFaultException	Diese Exception repräsentiert Fehler, die auf dem Server auftreten

9.3.4 Fehlerbehandlung

Auf den ersten Blick ist es schön, dass der Clientcode in Listing 9.4 die gesamte Netzwerkkommunikation verbirgt. Was aber, wenn es doch zu Netzwerkfehlern kommt?

In diesem Fall wirft die Bibliothek eine Exception, die wir ähnlich behandeln können wie in Kap. 7. Dabei sind zwei Fälle zu unterscheiden: Fehler beim Aufbau der Verbindung zum Server und Fehler während einer Anfrage. Tab. 9.3 gibt einen Überblick über die wichtigsten Exceptions.

9.3.4.1 Fehler beim Verbindungsaufbau

Der Verbindungsaufbau findet beim Erzeugen des Service statt. Um die dabei auftretenden Fehler abzufangen, bauen wir eine Schleife um einen `try-catch`-Block.

```
boolean serviceErzeugt = false;
while(serviceErzeugt) {
  try {
    // Verbindung zum Server aufbauen
    Service service = Service.create(
        new URL(url + "?wsdl"),
        new QName("http://soapServer/", "
            VerwaltungImplService"));

    // Stub-Methoden bereitstellen
    verwaltung = service.getPort(VerwaltungInterface.
        class);
    serviceErzeugt=true;
  } catch (WebServiceException e) {
```

```
    System.err.println("Server␣ist␣nicht␣gestartet!␣
        Aufbau␣der␣Verbindung␣wird␣erneut␣versucht");
    System.err.println(e);
    Thread.sleep(10000); // vor dem naechsten Versuch
        kurz warten
  }
}
```

Diese Schleife wird nun solange wiederholt, bis die Verbindung erfolgreich aufgebaut wurde. In der Praxis macht es wohl Sinn, die Zahl der Wiederholungen zu begrenzen.

9.3.4.2 Fehler bei einer Anfrage

Hier sind nun zwei Vorgehensweisen zu unterscheiden: Sollen wie bei den bisher ausprogrammierten Beispielen spezielle Rückgabewerte für nicht gefundene Namen oder Leistungen zurückgegeben werden oder soll in diesen Fällen eine von uns selbst programmierte Exception ausgelöst werden?

Exceptions und Rückgabewerte Bei Aufruf der Methoden der Instanz verwaltung können wie beim Verbindungsaufbau Exceptions auftreten. Der Einfachheit halber wollen wir im Fall einer Exception die gesamte Anfrage wiederholen. Dazu packen wir den ganzen Abfragecode in einen großen try-catch-Block.

```
anfrageOK = false;
while(!anfrageOK) {
  try {
    // Server abfragen: 1) Matrikelnummer zu Name
    matrikelNummer = verwaltung.matrikelnummerZuName(name
        );
    System.out.println("\nMartikelNummer:␣" +
        matrikelNummer);
    anfrageOK=true;

    if(matrikelNummer != -1) {
      Leistung[] leistungen = null;
      anfrageOK = false;
      // Server abfragen: 2) leistungen zur
          Matrikelnummer
```

```
      leistungen = verwaltung.
          studienleistungZuMartikelnummer(matrikelNummer)
          ;
      anfrageOK=true;

      if (leistungen != null) {
        for (Leistung leistung : leistungen) {
          System.out.println("\nLeistung:␣" + leistung.
              getModul() + "␣-␣" + leistung.getNote());
        }
      }
    }
  }
  catch (WebServiceException e) {
    System.err.println("Server␣nicht␣erreichbar!␣Aufbau␣
        der␣Verbindung␣wird␣erneut␣versucht");
    System.err.println(e);
    Thread.sleep(10000); // vor dem naechsten Versuch
        kurz warten
  }
}
```

Insgesamt ergibt sich der Code in Listing 9.5.

Listing 9.5 Client mit Exceptions und Rückgabewerten

```
package soapClient;

import java.net.MalformedURLException;
import java.net.URL;

import javax.xml.namespace.QName;
import javax.xml.ws.Service;
import javax.xml.ws.WebServiceException;

import soapServer.Leistung;
import soapServer.VerwaltungInterface;

public class soapClientExceptionReturnValue
{
  public static void main(String[] args) throws
      MalformedURLException, InterruptedException
  {
    // URL des Servers
```

```java
String url ="http://localhost:4434/verwaltung";
// Name des Studenten, fuer den wir anfragen
String name = "Mia Bauer";

VerwaltungInterface verwaltung = null;

//FALL 1: Fehler beim Verbindungsaufbau
boolean serviceErzeugt = false;
while(!serviceErzeugt) {
  try {
    // Verbindung zum Server aufbauen
    Service service = Service.create(
        new URL(url + "?wsdl"),
        new QName("http://soapServer/", "
            VerwaltungImplService"));

    // Stub-Methoden bereitstellen
    verwaltung = service.getPort(VerwaltungInterface.
        class);
    serviceErzeugt=true;
  } catch (WebServiceException e) {
    System.err.println("Server nicht erreichbar!
        Aufbau der Verbindung wird erneut versucht");
    System.err.println(e);
    Thread.sleep(10000); // vor dem naechsten Versuch
        kurz warten
  }
}

//FALL 2: Fehler waehrend Anfrage
if (verwaltung != null) {
  int matrikelNummer = -1;
  boolean anfrageOK;

  anfrageOK = false;
  while(!anfrageOK) {
    try {
      // Server abfragen: 1) Matrikelnummer zu Name
      matrikelNummer = verwaltung.
          martikelnummerZuName(name);
      System.out.println("\nMartikelNummer: " +
          matrikelNummer);
      anfrageOK=true;
```

```
    if(matrikelNummer != -1) {
      Leistung[] leistungen = null;
      anfrageOK = false;
      // Server abfragen: 2) leistungen zur
          Matrikelnummer
      leistungen = verwaltung.
          studienleistungZuMatrikelnummer(
          matrikelNummer);
      anfrageOK=true;

      if (leistungen != null) {
        for (Leistung leistung : leistungen) {
          System.out.println("\nLeistung:␣" +
              leistung.getModul() + "␣-␣" +
              leistung.getNote());
        }
      }
    }
  }
  catch (WebServiceException e) {
    System.err.println("Server␣nicht␣erreichbar!␣
        Aufbau␣der␣Verbindung␣wird␣erneut␣versucht"
        );
    System.err.println(e);
    Thread.sleep(10000); // vor dem naechsten
        Versuch kurz warten
  }
    }
  }
 }
}
```

Selbst programmierte Exceptions Alternativ könnten wir den
Server so modifizieren, dass er bei nicht erfüllbaren Anfragen eine
Exception auslöst. Dazu müssen wir das Interface anpassen, so
dass die Methoden Exceptions auslösen können. Listing 9.6 zeigt
den Code dafür. Listing 9.7 zeigt den Code für die neue Exception
NichtGefunden, die wir von WebServiceException ableiten.

Listing 9.6   Interface unseres Servers mit Exceptions

```java
package soapServerException;

import javax.jws.*;

import soapServer.Leistung;

@WebService
public interface VerwaltungInterfaceException
{
  public int martikelnummerZuName( @WebParam( name = "
      name" ) String name ) throws NichtGefundenException
      ;

  public Leistung[] studienleistungZuMartikelnummer(
      @WebParam( name = "matrikelNummer" ) int
      matrikelNummer ) throws NichtGefundenException ;
}
```

Listing 9.7   Die selbstdefinierte Exception

```java
package soapServerException;

import javax.xml.ws.WebServiceException;

public class NichtGefundenException extends
    WebServiceException {
  private static final long serialVersionUID = 1L;
  String fehlerMeldung;
  int fehlerCode;

  NichtGefundenException(String fehlerMeldung, int
      fehlerCode) {
    this.fehlerMeldung = fehlerMeldung;
    this.fehlerCode = fehlerCode;
  }

  @Override
  public String toString() {
    return "NichtGefunden:␣" + fehlerMeldung + "␣(" +
        fehlerCode + ")";
  }
}
```

Auf dieser Basis können wir im Servercode für die Implementierung des Interface die Exception erzeugen, anstatt einen Sonderrückgabewert zurückzugeben.

```
if(/* gefunden */)
{
   ...
}
System.out.println("_nicht_gefunden");
throw new NichtGefunden("unbekannter_Name", 1);
```

Listing 9.8 zeigt den neuen Servercode.

Listing 9.8   Die Implementierungsklasse mit Exceptions

```
package soapServerException;

import javax.jws.WebService;

import soapServer.Leistung;
import soapServer.Speicher;
import soapServer.Student;

@WebService( endpointInterface="soapServerException.
    VerwaltungInterfaceException" )
public class VerwaltungImplException implements
    VerwaltungInterfaceException
{
  @Override
  public int martikelnummerZuName(String name) throws
      NichtGefundenException
  {
    System.out.print("matrikelNummerZuName:_"+ name);
    Student s = Speicher.getSucheMatrikelNummerZuName(
        name);

    if(s != null)
    {
      System.out.println("_"+ s.matrikelNummer);
      return s.matrikelNummer;
    }
    System.out.println("_nicht_gefunden");
    throw new NichtGefundenException("unbekannter_Name",
        1);
```

```
}

@Override
public Leistung[] studienleistungZuMartikelnummer(int
    matrikelNummer) throws NichtGefundenException
{
    System.out.print("StudienleistungZuMartikelnummer: "+
        matrikelNummer);

    Student s = Speicher.getStudentenInfoZuMatrikelNummer
        (matrikelNummer);

    if(s != null)
    {
        System.out.println(" "+ s.name + " mit " + s.
            leistungen.length + " Leistungen");
        return s.leistungen;
    }
    System.out.println(" nicht gefunden");
    throw new NichtGefundenException("ungueltige
        Matrikelnummer",2);
}
}
```

Auf der Clientseite werden nach dieser Modifikation weiterhin
`WebServiceEcception` ausgelöst. Wir können diese unterscheiden in selbstdefinierte, vom Servercode geworfene und in von
der Kommunikationsbibliothek geworfene. Erstere erscheinen
als `SOAPFaultException`. Letztere werden von der Bibliothek als
`HTTPException` erzeugt, wenn die Verbindung zum Server gestört
ist.

Damit können wir auf Clientseite mit zwei `catch`-Blöcken
zwischen vorübergehenden Netzwerkproblemen, die sich durch
schlichtes Wiederholen der Anfrage beheben lassen, und Fehlern,
die auf dem Server auftreten und auch bei einer identisch wiederholten Anfrage wieder auftreten werden, unterscheiden. Für
das eventuell notwendige Wiederholen der Anfrage setzen wir
den Code in eine Schleife. Schön ist, dass wir nur die eigentliche
Anfrage wiederholen müssen, nicht aber den Verbindungsaufbau
zum Server.

```
anfrageOK = false;
while(!anfrageOK) {
  try {
    matrikelNummer = verwaltung.martikelnummerZuName(name
        );
    System.out.println("\nMartikelNummer:␣" +
        matrikelNummer);
    anfrageOK=true;
  }
  catch (SOAPFaultException e)
  {
    System.err.println("Anfrage␣gescheitert!");
    System.err.println(e);
    throw new Exception("Anfrage␣gescheitert"); //
        Exception weitergeben
  }
  catch (HTTPException e) {
    System.err.println("Server␣nicht␣erreichbar!␣Anfrage␣
        wird␣erneut␣versendet");
    System.err.println(e);
    Thread.sleep(10000); // vor dem naechsten Versuch
        kurz warten
  }
}
```

Insgesamt ergibt sich damit der Clientcode in Listing 9.9.

Listing 9.9 Clientcode mit Exceptions

```
package soapClientException;

import java.net.URL;

import javax.xml.namespace.QName;
import javax.xml.ws.Service;
import javax.xml.ws.WebServiceException;
import javax.xml.ws.http.HTTPException;
import javax.xml.ws.soap.SOAPFaultException;

import soapServer.Leistung;
import soapServerException.VerwaltungInterfaceException;

public class soapClientException
{
```

```java
public static void main(String[] args) throws Exception
{
  // URL des Servers
  String url ="http://localhost:4434/verwaltung";
  // Name des Studenten, fuer den wir anfragen
  String name = "Hannah_BeckerA";

  VerwaltungInterfaceException verwaltung = null;

  //FALL 1: Fehler beim Verbindungsaufbau
  boolean serviceErzeugt = false;
  while(!serviceErzeugt) {
    try {
      // Verbindung zum Server aufbauen
      Service service = Service.create(
          new URL(url + "?wsdl"),
          new QName("http://soapServerException/", "
            VerwaltungImplExceptionService"));

      // Stub-Methoden bereitstellen
      verwaltung = service.getPort(
          VerwaltungInterfaceException.class);
      serviceErzeugt=true;
    } catch (WebServiceException e) {
      System.err.println("Server_nicht_erreichbar!_
          Aufbau_der_Verbindung_wird_erneut_versucht");
      System.err.println(e);
      Thread.sleep(10000); // vor dem naechsten Versuch
          kurz warten
    }
  }

  //FALL 2: Fehler waehrend Anfrage
  if (verwaltung != null) {
    int matrikelNummer = -1;
    Leistung[] leistungen = null;
    boolean anfrageOK;

    // Server abfragen: 1) Matrikelnummer zu Name
    anfrageOK = false;
    while(!anfrageOK) {
      try {
```

```
            matrikelNummer = verwaltung.
                martikelnummerZuName(name);
            anfrageOK=true;
            System.out.println("\nMartikelNummer: " +
                matrikelNummer);

            // Server abfragen: 2) Leistungen zur
                Matrikelnummer
            anfrageOK = false;
            leistungen = verwaltung.
                studienleistungZuMartikelnummer(
                matrikelNummer);
            anfrageOK=true;
            for (Leistung leistung : leistungen) {
              System.out.println("\nLeistung: " + leistung.
                  getModul() + " - " + leistung.getNote());
            }
          }
          catch (SOAPFaultException e)
          {
            System.err.println("Anfrage gescheitert!");
            System.err.println(e);
            // Methode mit applikationsspezifischer,
                eigener Exception beenden
            throw new Exception("Anfrage gescheitert");
          }
          catch (HTTPException e) {
            System.err.println("Server nicht erreichbar!
                Anfrage wird erneut versendet");
            System.err.println(e);
            Thread.sleep(10000); // vor dem naechsten
                Versuch kurz warten
          }
        }
      }
    }
  }
}
```

9.4   REST/RESTFul

Die Grundidee von SOAP ist es, Methoden, die der Server bereitstellt, vom Client aus aufzurufen und zwar möglichst so, dass sich
weder Server- noch Clientprogrammierer um die dafür notwendige Netzwerkfunktionalität kümmern müssen. Damit ist SOAP
sehr nahe an der von J.E. White formulierten Grundidee für netz-
werkbasiertes Teilen von (Rechner-)Kapazität [21]. In der Praxis
gibt es aber zwei Aspekte von SOAP, die gerne kritisiert werden:
der Protokolloverhead (siehe Abschn. 9.7) und die starre Schnitt-
stellenbeschreibung. Das Interface aus Listing 9.1 beschreibt die
Schnittstelle zwischen Client und Server. Sollte sich an dieser
Schnittstelle etwas ändern – und sei es nur eine neue Methode
oder ein weiterer Parameter bei einer der Methoden –, müssen sowohl Server- als auch Client-Code angepasst werden. Das ist an
sich logisch, aber im praktischen Betrieb mit vielen, auf verschiedene Standorte verteilten und eventuell sogar von verschiedenen
Organisationen betriebenen Clients oft schwierig darzustellen.

RESTful Web-Services, kurz REST-Services, wie von R.T.
Fielding in [6] vorgeschlagen, versuchen, dieses Problem zu lösen. Dazu bietet der Server eine verlinkte Struktur von Methoden,
also streng genommen einen Methodenbaum an. Der Client kann
dann mit einer Folge von Abfragen, bei denen die jeweils vorher-
gehende die Adresse für die nachfolgende liefert, durch diesen
Baum navigieren. Der Preis für diese Vielseitigkeit besteht darin,
dass der Client-Code sehr viel komplexer wird. Dieses Prinzip
kennen wir schon vom OPC UA Address-Space. Abschn. 6.2.2 in
Kap. 6 deutet an, wie derartiger Code aussehen könnte.

Wird diese Vielseitigkeit konsequent zu Ende gedacht, bleibt
am Ende „nur" ein Vorschlag, wie robuste Web Services entwor-
fen werden sollten. RESTful ist damit kein Standard wie SOAP,
sondern ein Stilvorschlag für eine Softwarearchitektur, der alle
im Web bekannten Standards nutzen kann und somit eigentlich
nichts festlegt.

Wohl wegen dieser großen Freiheit werden sehr viele aktuelle
Web Services als RESTful bezeichnet. Diese Services beruhen auf
dem folgenden „REST-Prinzip": Eine Anfrage wird über HTTP

an den Web-Server gestellt. Dabei kodiert die URL die Methode
bzw. die Ressource, auf die zugegriffen werden soll. Die Art des
Requests (GET, POST, ...) definiert die Operation. Für die Datenübertragung ist jedes im Web mögliche Format zulässig, also
JSON, XML, Text, Bilder oder .mp3-Dateien.

9.5 Beispiel: Studentenverwaltung als REST-Service

Auch hier greifen wir wieder die Studentenverwaltung auf. Unser
Webservice soll die gleiche Funktionalität bieten, wie der SOAP-
Service in Abschn. 9.3. Um das Konzept der verlinkten Strukturen
zu zeigen, implementieren wir zusätzlich zwei Methoden, die wir
wohl im echten Leben aus Gründen des Datenschutzes nicht an-
bieten würden: Eine Liste aller Studenten und eine Abfragemög-
lichkeit für den Namen zur Matrikelnummer.

Damit ergibt sich die in Abb. 9.4 gezeigte „Sitemap" des
Webservice. Die mit einer gepunkteten Linie unterstrichenen Pfa-
de können vom Client abgerufen werden und die durchgezogene
Linie ist der Webservice. Pfad 1 liefert eine Liste aller Studenten.
Pfad 2 gibt die Matrikelnummer zum in der URI angegebenen
Namen zurück. Pfad 3 liefert den Namen und Pfad 4 die Stu-
dienleistungen zur Matrikelnummer. Sämtliche Rückgabewerte
werden im JSON-Format übertragen.

Für die Umsetzung in Java setzen wir wieder eine Bibliothek
ein. Wir verwenden hier Jersey, die aktuelle Referenzimplemen-
tierung für JAX-RS, das in der Java SE (Standard Edition) (noch)
nicht enthalten ist. Die Library kann von https://jersey.github.io/

```
                        Service
<scheme>:://<server>/Student/_____        ①
                        ?Name=<xx>          ②
                        /<MatrikelNummer>   ③
                        /<MatrikelNummer>/Leistung ④
```

Abb. 9.4 „Sitemap" des REST-Service

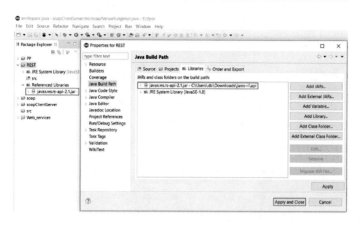

Abb. 9.5 Einbinden der Bibliothek Jersey in ein Eclipse Projekt

geladen und wie in Abb. 9.5 gezeigt in unser Projekt eingebunden werden.

9.5.1   Der Servercode

Neben Jersey benötigen wir auf dem Server auch noch einen Webserver, der die Dienste für die Clients bereitstellt. Anstatt einen separaten Server aufzusetzen, binden wir den auch von der Java Enterprise Edition verwendeten Server Grizzly ein. Die dazu gehörige Library kann unter https://javaee.github.io/grizzly/ abgerufen werden.

Im Gegensatz zu SOAP, wo wir zunächst das Java-Interface in Listing 9.1 festgelegt haben, können wir hier einfach loslegen und die in Listing 9.10 dargestellten Servermethoden implementieren. Methoden, die vom Client aufgerufen werden können, kennzeichnen wir wieder mit Annotationen.

Zum besseren Verständnis schauen wir uns mal die Methode `getListeOderSuche` in Listing 9.10 genauer an:

Die Annotationen vor der Methode legen fest, dass diese bei einem HTTP-GET Request auf den Pfad `/` mit dem auf dem Pfad übergebenen Parameter `name=IrgendeinName` aufge-

Tab. 9.4 Die wichtigsten Annotations bei JAX-RS

Annotation	Beschreibung
@GET	Spezifiziert, dass diese Methode HTTP Get-Anfragen verarbeitet
@POST	Spezifiziert, dass diese Methode HTTP Post-Anfragen verarbeitet
@PUT	Spezifiziert, dass diese Methode HTTP Put-Anfragen verarbeitet
@DELETE	Spezifiziert, dass diese Methode HTTP Delete-Anfragen verarbeitet
@Path	Gibt den relativen Pfad in der Sitemap des Service an, unter dem diese Methode bzw. Klasse erreichbar ist
@PathParam	Gibt an, dass dieser Parameter als Teil des URI-Pfades für diese Methode übergeben wird
@QueryParam	Gibt an, dass dieser Parameter als HTTP-Parameter übergeben wird
@Consumes	Gibt an, welche MIME Typen diese Methode akzeptiert
@FormParam	Gibt an, dass dieser Parameter als per HTTP-Post transportierter Form-Parameter übergeben wird
@Produces	Gibt an, welche MIME Typen diese Methode zurückliefert

rufen wird. Tab. 9.4 gibt einen Überblick über die wichtigsten Annotations. Als Typ für den Rückgabewertes wird `MediaType.APPLICATION_JSON` festgelegt. Hier können Typen angegeben werden, die im Web üblich sind, also wohl nicht die, die wir in unserer Studentenverwaltung verwenden. Deswegen weichen wir auf JSON aus, um unsere Daten zu codieren.

```
@GET
@Path("/")
@Produces(MediaType.APPLICATION_JSON)
public String getListeOderSuche(@QueryParam("name")
    String name)
```

Als Rückgabewert wird der Typ `string` vereinbart. Wir müssen selbst Sorge dafür tragen, den Typ `int` der Matrikelnummer ins JSON-Format zu bringen.

Es gibt nun zwei Möglichkeiten, diese Methode aufzurufen: Über `http://<server>:<port>/student` oder über `http://<`

`server>:<port>/student/?name=<IrgendeinName>`. Im ersten Fall wird kein Parameter angegeben. Damit hat die Parametervariable `name` den Wert `null`. Im zweiten Fall hat sie den Wert `<IrgendeinName>`.

Unser Code fragt die Parametervariable ab und ruft die entsprechende Funktion auf:

```
if(name == null)
    // kein Parameter: gesamte Liste
    return getListeVonStudenten();
else
    // mit Parameter: nur ein Eintrag
    return getSucheMatrikelNummerZuName(name);
```

Die Funktion `getSucheMatrikelNummerZuName(name)` durchsucht dann unsere Daten nach dem Namen und gibt die entsprechende Matrikelnummer zurück.

Die anderen Methoden implementieren wir analog zu dieser Methode. Die Annotation `@Path(VerwaltungService.webContext Path)` an der Klasse legt den Pfad für alle Methoden dieser Klasse fest.

Damit ist der Service fertig implementiert. Um diesen im Web verfügbar zu machen brauchen wir noch einen Web Server. Dazu erzeugen wir eine Instanz des Grizzly-Webservers, dem wir die JAX-Konfiguration des Web-Service übergeben.

```
final HttpServer webServer = GrizzlyHttpServerFactory.
    createHttpServer(URI.create(baseUrl),
    new ResourceConfig(VerwaltungService.class), false);
```

Listing 9.11 zeigt den gesamten Code für den Server. Vor dem Start des Servers mit `webServer.start();` vereinbaren wir noch eine Shutdownmethode, die den Webserver ordentlich beendet, wenn unser Server beendet wird.

Damit ist der Server fertig implementiert.

Listing 9.10 Implementierung der Servermethoden

```
package restServer;
import javax.ws.rs.*;
import javax.ws.rs.Path;
import javax.ws.rs.PathParam;
import javax.ws.rs.Produces;
```

```java
import javax.ws.rs.QueryParam;
import javax.ws.rs.core.MediaType;

import com.google.gson.Gson;
import com.google.gson.GsonBuilder;
import com.google.gson.JsonArray;
import com.google.gson.JsonObject;

@Path(VerwaltungService.webContextPath)
public class VerwaltungService
{
  static final String webContextPath = "/student";

  // Funktion fuer Pfad 1 der Server-Sitemap: Namen und
      Matrikelnummern aller Studenten
  public String getListeVonStudenten()
  {
    String ergebnisAlsJSON;

    System.out.println("getListeVonStudenten");

    // GSON fuer Umwandlung in JSON
    Gson gson = new GsonBuilder().create();

    // Wir wollen nur einen Teil transportieren, deswegen
        muss Liste ueberarbeitet werden
    JsonArray nurMatrikelnummerUndName = new JsonArray();

    for(Student s : Speicher.getStudenten())
    {
      JsonObject dataset = new JsonObject();
      dataset.addProperty("matrikelNummer", s.
          matrikelNummer);
      dataset.addProperty("name", s.name);
      nurMatrikelnummerUndName.add(dataset);
    }
    ergebnisAlsJSON = gson.toJson(
        nurMatrikelnummerUndName);
    return ergebnisAlsJSON;
  }

  // Funktion fuer Pfad 2 der Server-Sitemap:
      Matrikelnummer zum Namen
```

```java
public String getSucheMatrikelNummerZuName(String name)
{
  Student myStudent = null;
  JsonObject matrikelnummer = null;
  String ergebnisAlsJSON;

  Gson gson = new GsonBuilder().create();

  System.out.print("getSucheMatrikelNummerZuName: "+
      name);

  myStudent = Speicher.getSucheMatrikelNummerZuName(
      name);
  if(myStudent != null)
  {
      matrikelnummer = new JsonObject();
      matrikelnummer.addProperty("matrikelNummer",
          myStudent.matrikelNummer);
  }
  System.out.println(" "+ matrikelnummer);
  ergebnisAlsJSON = gson.toJson(matrikelnummer);
  return ergebnisAlsJSON;
}

// Pfad 1 und Pfad 2 der Server-Sitemap fuehren auf
    diese Methode
// diese verzweigt je nach Aufruf mit oder ohne Query-
    Parameter
@GET
@Path("/")
@Produces(MediaType.APPLICATION_JSON)
public String getListeOderSuche(@QueryParam("name")
    String name) {
  System.out.print("getListeOderSuche: "+ name + " ");

  if(name == null)
    // Pfad 1: kein Parameter: gesamte Liste
    return getListeVonStudenten();
  else
    // Pfad 2: mit Parameter: nur ein Eintrag
    return getSucheMatrikelNummerZuName(name);
}
```

```java
// Funktion fuer Pfad 3 der Server-Sitemap: Name zu
    einer Matrikelnummer
@GET
@Path("/{matrikelNummer}")
@Produces(MediaType.APPLICATION_JSON)
public String getStudentenInfoZuMatrikelNummer(
    @PathParam("matrikelNummer") int matrikelNummer)
{
  Student myStudent = null;
  String ergebnisAlsJSON = "null";

  Gson gson = new GsonBuilder().create();

  System.out.print("getStudentenInfoZuMatrikelNummer: "
      + matrikelNummer);

  myStudent = Speicher.getStudentenInfoZuMatrikelNummer
      (matrikelNummer);
  if(myStudent != null)
  {
    System.out.println(" "+ myStudent.name + " mit " +
        myStudent.leistungen.length + " Leistungen");

    // Wir wollen nur einen Teil transportieren,
        deswegen muss Liste ueberarbeitet werden
    JsonObject nurMatrikelnummerUndName = new
        JsonObject();
    nurMatrikelnummerUndName.addProperty("
        matrikelNummer", myStudent.matrikelNummer);
    nurMatrikelnummerUndName.addProperty("name",
        myStudent.name);
    ergebnisAlsJSON = gson.toJson(
        nurMatrikelnummerUndName);
  }
  else
    System.out.println(" nicht gefunden.");

  return ergebnisAlsJSON;
}

// Funktion fuer Pfad 4 der Server-Sitemap: Leistungen
    zu einer Matrikelnummer
@GET
```

```
@Path("/{matrikelNummer}/leistung")
@Produces(MediaType.APPLICATION_JSON)
public String getLeistungVonStudenten(@PathParam("
    matrikelNummer") int matrikelNummer)
{
  Student myStudent = null;
  String ergebnisAlsJSON = "null";

  Gson gson = new GsonBuilder().create();

  System.out.print("getLeistungVonStudenten:␣"+
      matrikelNummer);

  myStudent = Speicher.getStudentenInfoZuMatrikelNummer
      (matrikelNummer);
  if(myStudent != null)
  {
    System.out.println("␣"+ myStudent.name + "␣mit␣" +
        myStudent.leistungen.length + "␣Leistungen");
    ergebnisAlsJSON = gson.toJson(myStudent.leistungen)
        ;
  }
  else
    System.out.println("␣nicht␣gefunden.");

  return ergebnisAlsJSON;
}
}
```

Listing 9.11 Die Hauptklasse des Servers

```
package restServer;

import java.io.IOException;
import java.net.URI;

import org.glassfish.grizzly.http.server.HttpServer;
import org.glassfish.jersey.grizzly2.httpserver.
    GrizzlyHttpServerFactory;
import org.glassfish.jersey.server.ResourceConfig;

public class RestServer
{
```

```java
/*
 * JAX-RS ist in Java SE (Standard  Edition) NICHT
 *     enthalten, sondern nur in Java EE (Enterprise
 *     Edition).
 * Als Referenzimplementierung wird hier Jersey
 *     eingesetzt.
 *
 * Zusaetzlich wird ein einfacher Webserver benoetigt (
 *     in diesen Beispiel: Grizzly)
 *
 * URLs zu den Biblioteken:
 * - https://jersey.github.io/
 * - https://javaee.github.io/grizzly/
 */

public static void main(String[] args) throws
    IOException, InterruptedException
{
  String baseUrl = "http://localhost:4434";

  // Webserver erzeugen und mit unserem Service
      verbinden
  final HttpServer webServer = GrizzlyHttpServerFactory
    .createHttpServer(URI.create(baseUrl),
      new ResourceConfig(VerwaltungService.class),
          false);

  // Methode zum Beenden des Webservers beim Beenden
      des Java-Programms bei der Java-Runtime
      registrieren
  Runtime.getRuntime().addShutdownHook(
      new Thread(new Runnable() {
        @Override
        public void run() {
          webServer.shutdownNow();
        }
      }));

  // Webserver starten
  webServer.start();

  System.out.println(String.format(
```

```
"\nGrizzly-HTTP-Server␣gestartet␣mit␣der␣URL:␣%s\
    n"
    + "Stoppen␣des␣Grizzly-HTTP-Servers␣mit:␣␣␣␣␣
        ␣Strg+C\n",
    baseUrl + VerwaltungService.webContextPath));

// Warten bis das Java-Programm beendet wird (durch
    Ctrl-C)
Thread.currentThread().join();
    }
}
```

9.5.2   Der Clientcode

Der vom Server angebotene Web Service kann auf verschiedenen
Wegen aufgerufen werden.

9.5.2.1   Aufruf über HTML

Im Kern handelt es sich bei einem REST-Service um eine Website
mit mehreren Unterseiten.

Die GET-Methoden des Web Service können wir wie in
Abb. 9.6 gezeigt über einen Browser aufrufen, indem wir die entsprechende URL in der Adresszeile eingeben: http://angewnwt.
hof-university.de:4438/student/68041/leistung.

Mit einer Webseite und entsprechenden HTML-Formularen
könnten wir also über den Browser auf den Server zugreifen.

Beim zweiten Endpoint aus unserer Sitemap in Abb. 9.4 ist das
noch mit den Mitteln aus Kap. 4 möglich. Abb. 9.7 zeigt in den
Zeilen 50 bis 53 ein einfaches form, das den eingegebenen Namen
als Parameter an die URL des GET-Requests anhängt.

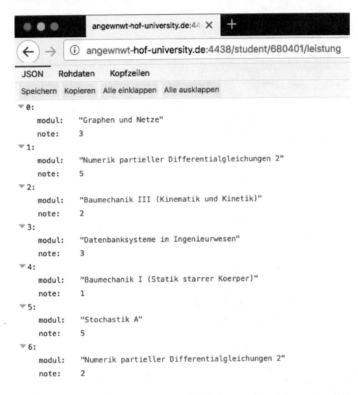

Abb. 9.6 Aufruf der Methode `getLeistungVonStudenten` aus dem Browser

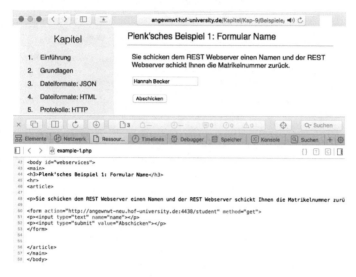

Abb. 9.7 Ein HTML-Formular zum Aufruf des REST-Service

Wollen wir aber einen der beiden letzten Endpoints aus der Sitemap in Abb. 9.4 verwenden, genügt reines HTML nicht mehr, da wir die URL aus der Sitemap und der Formulareingabe zusammensetzen müssen. Abb. 9.8 deutet an, wie das über ein HTML-Formular und Java-Script bewerkstelligt werden kann: Das Formular in Zeilen 62 bis 65 stößt das Script in den Zeilen 11 bis 15 an. Dieses baut die eingegebene Matrikelnummer in die URL ein und ruft diese auf.

Abb. 9.8   Java-Script zum Aufruf des REST-Service

9.5.2.2   Aufruf aus einem Java-Programm

Aus einem Java-Programm können wir die Methoden entweder über eine HTTP-Library aufrufen oder über Jersey.

In beiden Fällen wird zunächst die URL aufgebaut und danach ein entsprechender Request an den Server geschickt. Die Antwort des Servers muss dann noch decodiert werden.

HTTPClient   In Abschn. 9.5.2.1 haben wir gesehen, dass ein REST-Service eigentlich „nur" eine Webseite darstellt, die wir auch über unseren Webbrowser abrufen können. Mit den Methoden aus Kap. 5 lässt sich dieser Abruf auch in einem Java-Programm darstellen.

Dazu erstellen wir zunächst einen HTTPClient, über den wir die Anfragen senden, und bauen die URI auf. Wir verwenden hier den URIBuilder, der uns das Codieren des Namens abnimmt. Das Freizeichen zwischen Vor- und Nachname muss nämlich codiert werden, um den Parameter an die URI anzuhängen.

```
// HTTP Client fuer das Senden von HTTP Requests
CloseableHttpClient httpClient = HttpClients.
    createDefault();
// URI aufbauen
URIBuilder uriBuilder = new URIBuilder("http://
    localhost:4434/student/");
uriBuilder.addParameter("name", "Mia_Fischer");
```

Mit dieser URI erzeugen wir einen GET-Request und senden ihn an den Server. Die Antwort des Servers parsen wir mit GSON.

```
// GET Request auf Server
HttpGet httpGet = new HttpGet(uriBuilder.build());
CloseableHttpResponse response = httpClient.execute(
    httpGet);

// Abholen der Antwort ueber einen StreamReader
HttpEntity entity = response.getEntity();
InputStreamReader httpStreamReader = new
    InputStreamReader(entity.getContent());

// Parsen der Antwort mit GSON, Umwandeln in den von
//    uns gewuenschten Typ
int matrikelnummer = gson.fromJson(httpStreamReader,
    int.class);
```

Zum Abschluss der Anfrage müssen wir die vom Client angelegten Strukturen noch aufräumen, bevor wir eine neue Anfrage abschicken.

```
EntityUtils.consume(entity);
response.close();
```

Insgesamt ergibt sich damit der Code aus Listing 9.12.

Listing 9.12 Der Clientcode auf Basis HttpClient

```
package restClientHTTP;

import java.io.IOException;
import java.io.InputStreamReader;
```

```java
import java.net.URISyntaxException;

import org.apache.http.HttpEntity;
import org.apache.http.client.ClientProtocolException;
import org.apache.http.client.methods.
    CloseableHttpResponse;
import org.apache.http.client.methods.HttpGet;
import org.apache.http.client.utils.URIBuilder;
import org.apache.http.impl.client.CloseableHttpClient;
import org.apache.http.impl.client.HttpClients;
import org.apache.http.util.EntityUtils;

import com.google.gson.Gson;
import com.google.gson.GsonBuilder;

public class RestClientHTTP {

  public static void main(String[] args) throws
      ClientProtocolException, IOException,
      URISyntaxException {

    // GSON Instanz fuer das Interpretieren der Antwort
        vom Server
    Gson gson = new GsonBuilder().create();

    // HTTP Client fuer das Senden von HTTP Requests
    CloseableHttpClient httpClient = HttpClients.
        createDefault();

    // URI aufbauen
    URIBuilder uriBuilder = new URIBuilder("http://
        localhost:4434/student/");
    uriBuilder.addParameter("name", "Mia_Fischer");
    // GET Request auf Server
    HttpGet httpGet = new HttpGet(uriBuilder.build());
    CloseableHttpResponse response = httpClient.execute(
        httpGet);

    // Abholen der Antwort ueber einen StreamReader
    HttpEntity entity = response.getEntity();
    InputStreamReader httpStreamReader = new
        InputStreamReader(entity.getContent());
```

```java
// Parsen der Antwort mit GSON, Umwandeln in den von
    uns gewuenschten Typ
Student student = new Student();
student.matrikelNummer = -1;


student = gson.fromJson(httpStreamReader, Student.
    class);

// Aufraeumen
EntityUtils.consume(entity);
response.close();

if(student.matrikelNummer != -1)
{
  // Student gefunden
  System.out.println("\nStudent gefunden: " + student
      .matrikelNummer);

  // URI aufbauen
  uriBuilder = new URIBuilder("http://localhost:4434/
      student/");
  uriBuilder = uriBuilder.setPath(uriBuilder.getPath
      () + Integer.toString(student.matrikelNummer));
  uriBuilder = uriBuilder.setPath(uriBuilder.getPath
      () + "/leistung");

  // GET Request auf unseren Server
  httpGet = new HttpGet(uriBuilder.build());
  response = httpClient.execute(httpGet);

  // Abholen der Antwort ueber einen StreamReader
  entity = response.getEntity();
  httpStreamReader = new InputStreamReader(entity.
      getContent());

  // Parsen der Antwort mit GSON, Umwandeln in den
      von uns gewuenschten Typ
  // JSON-String decodieren
  Leistung[] leistungen = gson.fromJson(
      httpStreamReader, Leistung[].class);

  // Aufraeumen
  EntityUtils.consume(entity);
```

```
    response.close();

    System.out.println("\nLeistungen:" );
    for(Leistung l : leistungen)
    {
      System.out.println(l.modul + ":_" + l.note);
    }
  }
  else
  {
    System.out.println("\nKeinen_Studenten_gefunden!" )
        ;
  }
 }
}
```

Jersey Jersey bietet uns einen komfortablen, im Detail aber
durchaus komplexen Weg, einen Client zu implementieren. Ein
Client ist eine Instanz von `Client`. Diese Klasse kapselt die gesamte Kommunikation zwischen Client und Server. Zu Beginn
unseres Programms erzeugen wir also einen Client

```
Client client = ClientBuilder.newClient();
```

Diesen Client nutzen wir nun, um Anfragen zu erzeugen und an
den Server zu schicken. Die Bibliothek kapselt eine Anfrage in
`WebTarget` und `Invocation`. Die Tab. 9.5 und 9.6 stellen die wichtigsten Methoden zusammen.

Wir wollen nun zwei Anfragen senden: Zunächst suchen wir
die Matrikelnummer zu einem Namen. Wenn der Server eine Matrikelnummer für unseren Namen findet, fragen wir die Studienleistungen für diese Matrikelnummer ab.

Für die erste Anfrage müssen wir einen GET-Request auf
Pfad 2 aus Abb. 9.4 erzeugen. Dazu bauen wir schrittweise ein
`WebTarget` auf

```
// WebTarget erzeugen und richtigen Pfad angeben
WebTarget target = client.target( baseUrl +
    webContextPath );
// Parameter name anhaengen
target = target.queryParam("name",name);
```

Tab. 9.5 Die wichtigsten Methoden von `WebTarget`

Methode	Beschreibung
`path(String)`	Erzeugt eine neue Instanz von `WebTarget`, indem der übergebene Pfad an den URI-Pfad der Instanz angehängt wird
`queryParam(String, Object)`	Erzeugt eine neue Instanz von `WebTarget`, indem ein Query-Parameter an den URI-Pfad der Instanz angehängt wird
`getUri()`	Gibt die URI der Instanz zurück
`request()`	Gibt einen Request zum Aufruf der Instanz zurück
`request(MediaType)`	Gibt einen Request zum Aufruf der Instanz zurück, der die übergebenen Medientypen akzeptiert
`request(String)`	Gibt einen Request zum Aufruf der Instanz zurück, der die übergebenen Medientypen akzeptiert

Tab. 9.6 Die wichtigsten Methoden von `Invocation`

Methode	Beschreibung
`invoke()`	Führt den Request aus, wartet auf die Antwort und gibt diese zurück. (Synchrone Ausführung)
`property(String, Object)`	Setzt eine Eigenschaft (property) des requests

Ist das `WebTarget` fertig aufgebaut, erzeugen wir einen GET-Request als Instanz einer `Invocation` und führen diesen aus

```
// GET-Anfrage erzeugen
Invocation invocation = target.request( MediaType.
    APPLICATION_JSON ).buildGet();
// Anfrage an Server senden und JSON-String empfangen
String jsonString = invocation.invoke(String.class );
```

Der Rückgabewert von `invocation.invoke` hat den übergebenen Typ, hier `string` und enthält die von der entsprechenden Servermethode zurückgegebenen Daten.

Als erstes prüfen wir, ob der Aufruf erfolgreich war. Wenn ja, decodieren wir den JSON-String mit dem aus Kap. 3 bekannten GSON-Parser:

```
// JSON-String decodieren
if(jsonString != null)
    student = gson.fromJson(jsonString, Student.class);
```

Wenn der Datensatz eine gültige Matrikelnummer enthält, können wir die nächste Abfrage starten.

```
if(student.matrikelNummer != -1) {
    System.out.println("\nStudent␣gefunden:␣" + student.
        matrikelNummer );

    // Server abfragen: 2) leistungen zur Matrikelnummer
    ...
```

Insgesamt ergibt sich damit der Code aus Listing 9.13. Da eines der Designziele für REST-Services darin liegt, den Austausch über HTTP nicht zu verbergen, müssen wir uns auch beim Einsatz einer Bibliothek um die einzelnen Schritte zum Erzeugen und Absenden des Requests sowie zum Empfangen und Parsen der Antwort kümmern. Darum unterscheidet sich dieser Code kaum von dem in Listing 9.12.

Listing 9.13 Der Clientcode auf Jersey-Basis

```
package restClient;

import javax.ws.rs.client.Client;
import javax.ws.rs.client.ClientBuilder;
import javax.ws.rs.client.Invocation;
import javax.ws.rs.client.WebTarget;
import javax.ws.rs.core.MediaType;

import com.google.gson.Gson;
import com.google.gson.GsonBuilder;

import restClient.Leistung;

public class RestClient {

    public static void main(String[] args)
    {
        // URL des Servers
        String baseUrl  = "http://localhost:4434";
        // Name des Studenten, fuer den wir anfragen
        String name     = "Hannah␣Jung";
```

```java
// Relative Pfade auf dem Server
String webContextPath = "/student";
String webContextUnderPath = "/leistung";

Student student = new Student();
student.matrikelNummer = -1;

System.out.println( "\nAngefragte URL: " + baseUrl +
    webContextPath );

// GSON Instanz fuer das Interpretieren der Antwort
//     vom Server
Gson gson = new GsonBuilder().create();

// Jersey Client fuer das Abfragen des Servers
//     erzeugen
Client client = ClientBuilder.newClient();

// Server abfragen: 1) Matrikelnummer zu Name
// WebTarget erzeugen und richtigen Pfad angeben
WebTarget target = client.target( baseUrl +
    webContextPath );
// Parameter name anhaengen
target = target.queryParam("name",name);
// GET-Anfrage erzeugen
Invocation invocation = target.request( MediaType.
    APPLICATION_JSON ).buildGet();
// Anfrage an Server senden und JSON-String empfangen
String jsonString = invocation.invoke(String.class );
// JSON-String decodieren
if(jsonString != null)
  student = gson.fromJson(jsonString, Student.class);

if(student.matrikelNummer != -1)
{
  System.out.println("\nStudent gefunden: " + student
      .matrikelNummer );

  // Server abfragen: 2) leistungen zur
  //     Matrikelnummer
  // WebTarget erzeugen und richtigen Pfad angeben
  target = client.target( baseUrl + webContextPath);
```

```
// gefundene Matrikelnummer an Pfad anhaengen
target = target.path( String.valueOf(student.
    matrikelNummer) );
// Unterpfad /leistung an Pfad anhaengen
target = target.path( webContextUnderPath );
// GET-Anfrage erzeugen
invocation = target.request( MediaType.
    APPLICATION_JSON ).buildGet();
// Anfrag an Server senden und JSON-String
    empfangen
jsonString = invocation.invoke(String.class );
// JSON-String decodieren
Leistung[] leistungen = gson.fromJson(jsonString,
    Leistung[].class);

System.out.println("\nLeistungen:" );
for(Leistung l : leistungen)
{
  System.out.println(l.modul + ":_" + l.note);
}
}
else
{
  System.out.println("\nKeinen_Studenten_gefunden!" )
    ;
}
}
}
```

9.5.3 Fehlerbehandlung

Ähnlich wie bei SOAP gibt es auch bei REST verschiedene
Ansätze zur Fehlerbehandlung. Netzwerkfehler werden von der
jeweiligen Bibliothek als Exception gemeldet. Fehler bei einer
Anfrage können wir wieder mit speziellen Rückgabewerten
abdecken oder – der REST-Philosophie entsprechend – im Rück-
gabecode des einem Aufruf zugrunde liegenden HTTP-Request
melden.

Serverseitig bilden wir dies durch die Meldung eines HTTP-
Fehlers im Fall eines nicht gefundenen Namens ab.

```
if (ergebnisAlsJSON == null) {
  // keine Daten gefunden ==> Fehlermeldung als HTTP-
      Status zurueckgeben
  // ResponseBuilder mit HTML Status 5xx instanziieren,
      Klartextnachricht anhaengen
  responseBuilder = Response.serverError();
  responseBuilder = responseBuilder.entity("500␣Internal␣
      Server␣Error");
  // Response erzeugen
  response = responseBuilder.build();
  return response;
}
```

Clientseitig können wir diesen Fehlercode abfragen und entsprechend verzweigen.

```
// Anfrage an Server senden und JSON-String empfangen
Response response = invocation.invoke(Response.class );
//Status pruefen der GET Anfrage
if(response.getStatusInfo().getFamily() == Family.
    SUCCESSFUL) {
  // Antwort verarbeiten
  ...
}
```

Dieser Code trennt sauber zwischen den in der `response.readEntity()` übertragenen Daten und einem im `response.getStatusInfo()` übertragenen Fehlercode. Leider ist dieser Code nicht besser zu lesen, als der Code, der auf spezielle Rückgabewerte abfragt.

Die Listings 9.14 und 9.15 zeigen den gesamten Client- und Server-Code.

Listing 9.14 Der Clientcode mit HTTP-Fehlercodes auf Jersey-Basis

```
package restClientHTTPErrors;

import javax.ws.rs.client.Client;
import javax.ws.rs.client.ClientBuilder;
import javax.ws.rs.client.Invocation;
import javax.ws.rs.client.WebTarget;
import javax.ws.rs.client.Invocation.Builder;
import javax.ws.rs.core.MediaType;
import javax.ws.rs.core.Response;
```

```java
import javax.ws.rs.core.Response.Status.Family;

import com.google.gson.Gson;
import com.google.gson.GsonBuilder;

import restClientHTTPErrors.Leistung;

public class RestClient {

  public static void main(String[] args)
  {
    // URL des Servers
    String baseUrl   = "http://localhost:4434";
    // Name des Studenten, fuer den wir anfragen
    String name      = "Hannah Jung";

    // Relative Pfade auf dem Server
    String webContextPath = "/student";
    String webContextUnderPath = "/leistung";

    Student student = new Student();

    System.out.println( "\nAngefragte URL: " + baseUrl +
        webContextPath );

    // GSON Instanz fuer das Interpretieren der Antwort
    //   vom Server
    Gson gson = new GsonBuilder().create();

    // Jersey Client fuer das Abfragen des Servers
    //   erzeugen
    Client client = ClientBuilder.newClient();

    // Server abfragen: 1) Matrikelnummer zu Name
    // WebTarget erzeugen und richtigen Pfad angeben
    WebTarget target = client.target( baseUrl +
        webContextPath );
    // Parameter name anhaengen
    target = target.queryParam("name",name);
    // GET-Anfrage erzeugen
    Builder builder = target.request( MediaType.
        APPLICATION_JSON );
    Invocation invocation = builder.buildGet();
```

```java
// Anfrage an Server senden und JSON-String empfangen
Response response = invocation.invoke(Response.class
    );
// JSON-String decodieren
String jsonString = response.readEntity(String.class)
    ;
student = gson.fromJson(jsonString, Student.class);

//Status pruefen der GET Anfrage
if(response.getStatusInfo().getFamily() == Family.
    SUCCESSFUL)
{
  System.out.println("\nStudent gefunden: " + student
      .matrikelNummer );

  // Server abfragen: 2) leistungen zur
      Matrikelnummer
  // WebTarget erzeugen und richtigen Pfad angeben
  target = client.target( baseUrl + webContextPath);
  // gefundene Matrikelnummer an Pfad anhaengen
  target = target.path( String.valueOf(student.
      matrikelNummer) );
  // Unterpfad /leistung an Pfad anhaengen
  target = target.path( webContextUnderPath );
  // GET-Anfrage erzeugen
  builder = target.request( MediaType.
      APPLICATION_JSON );
  invocation = builder.buildGet();
  // Anfrag an Server senden und JSON-String
      empfangen
  response = invocation.invoke(Response.class );
  // JSON-String decodieren
  jsonString = response.readEntity(String.class);
  Leistung[] leistungen = gson.fromJson(jsonString,
      Leistung[].class);

  System.out.println("\nLeistungen:" );
  for(Leistung l : leistungen)
  {
    System.out.println(l.modul + ": " + l.note);
  }
}
else
```

```
  {
    System.out.println("\nKeinen_Studenten_gefunden!" )
        ;
  }
 }
}
```

Listing 9.15 Der Servercode mit HTTP-Fehlercodes

```java
package restServerHTTPErrors;

import java.io.IOException;
import java.net.URI;

import org.glassfish.grizzly.http.server.HttpServer;
import org.glassfish.jersey.grizzly2.httpserver.
    GrizzlyHttpServerFactory;
import org.glassfish.jersey.server.ResourceConfig;

public class RestServer
{
  /*
   * JAX-RS ist in Java SE (Standard  Edition) NICHT
       enthalten, sondern nur in Java EE (Enterprise
       Edition).
   * Als Referenzimplementierung wird hier Jersey
       eingesetzt.
   *
   * Zusaetzlich wird ein einfacher Webserver benoetigt (
       in diesen Beispiel: Grizzly)
   *
   * URLs zu den Bibliotheken:
   * - https://jersey.github.io/
   * - https://javaee.github.io/grizzly/
   */

  public static void main(String[] args) throws
      IOException, InterruptedException
  {
    String baseUrl = "http://localhost:4434";

    // Webserver erzeugen und mit unserem Service
        verbinden
```

```java
final HttpServer webServer = GrizzlyHttpServerFactory
    .createHttpServer(URI.create(baseUrl),
    new ResourceConfig(VerwaltungService.class),
        false);

// Methode zum Beenden des Webservers beim Beenden
    des Java-Programms bei der Java-Runtime
    registrieren
Runtime.getRuntime().addShutdownHook(
    new Thread(new Runnable() {
      @Override
      public void run() {
        webServer.shutdownNow();
      }
    }));

// Webserver starten
webServer.start();

System.out.println(String.format(
    "\nGrizzly-HTTP-Server gestartet mit der URL: %s\
        n"
      + "Stoppen des Grizzly-HTTP-Servers mit:
          Strg+C\n",
        baseUrl + VerwaltungService.webContextPath));

// Warten bis das Java-Programm beendet wird (durch
    Ctrl-C)
Thread.currentThread().join();
  }
}
```

9.6   Beispiel: Studentenverwaltung als Eigenbau

In diesem Abschnitt wollen wir uns klarmachen, was die oben vorgestellten Bibliotheken leisten bzw. welchen Programmieraufwand sie vor uns „verstecken".

Dazu legen wir zunächst ein Protokoll für den Austausch zwischen Server und Client fest. Das Protokoll legt die Anfragen, die der Client an den Server schicken kann, deren Parameter und

Tab. 9.7 Protokoll für Anfragen an den Server

Anfrage	Länge	Anhang	
MAT	XXX	<name> als UTF-8 String	
	Antwort	Länge	Anhang
	ANT	XXX	<Matrikelnummer> als String
STU	XXX	<Matrikelnummer> als UTF-8 String	
	Antwort	Länge	Anhang
	ANT	XXX	<Matrikelnummer>; <name>
LEI	XXX	<Matrikelnummer>	
	Antwort	Länge	Anhang
	ANT	XXX	<Modul>; <Note> │ ...

die entsprechenden Antworten des Servers fest. Um plattformun-abhängig zu arbeiten, verwenden wir zur Übertragung der Informationen keinen DataOutputStream, sondern eine textuelle Codierung als UTF-8 String.

Eine Anfrage an den Server besteht aus mindestens 6 Bytes. Die ersten drei Bytes codieren die Art der Anfrage, die nächsten drei Bytes die Länge des Anhangs an der Anfrage als Folge von drei Ziffern. Danach folgen soviele Bytes wie im Feld Länge angegeben. Die Antwort des Servers besteht aus drei Bytes für die Länge der Antwort und danach den Bytes der Antwort.

Tab. 9.7 zeigt die möglichen Anfragen und das Format der Antworten. Die Übertragung der Daten erfolgt über TCP/IP.

9.6.1 Der Servercode

Der Servercode hat im Kern zwei Aufgaben: Verbindungsanfragen vom Client anzunehmen und auf Anfragen des Client zu reagieren.

Betrachten wir zunächst die Reaktion auf Clientanfragen. Diese werden in der Klasse ClientHandler behandelt. Sie liest zunächst 6 Bytes, drei für die Anfrage und drei für die Länge des Anhangs in den Puffer bytes ein.

```
inFromClient.read(bytes, 0, 6);
```

Die Anwendung liest direkt vom `InputStream` des `Socket` und interpretiert die gelesenen Bytes mit „selbstgeschriebenem" Code.

```
befehl.anfrage = new String(bytes, 0, 3, Charset.
    forName("ASCII"));
String anhangLaenge = new String(bytes, 3, 3, Charset.
    forName("ASCII"));
```

Das ist nicht annähernd so komfortabel wie ein `DataInput`
`Stream`, gibt dem Programmierer aber die volle Kontrolle über die
Umwandlung der Bytes in die programminternen Datenstrukturen
und stellt somit sicher, dass plattformübergreifend jeder Client,
der entsprechende Byteströme sendet, bedient werden kann. Beim
`DataInputStream` wäre die Codierung von der Plattform abhängig.

Woran wir dabei denken müssen zeigt die Wahl der Zeichencodierung: Da wir davon ausgehen, dass jedes Zeichen in den
Zeichenketten für Anfrage und Länge in nur einem Byte übertragen wird, können wir nicht den UTF-8 Code verwenden, da hier
einzelne Zeichen mehr als ein Byte belegen könnten. Deswegen
codieren wir diese Zeichen im ASCII-Code.

Den Anhang codieren wir wie bisher in UTF-8. So können wir
auch Umlaute und andere Sonderzeichen übertragen.

```
int laenge = Integer.parseInt(anhangLaenge);
if(laenge > 0)
{
  inFromClient.read(bytes, 0, laenge);
  befehl.anhang = new String(bytes, 0, laenge, Charset.
      forName("UTF-8"));
}
```

Im nächsten Schritt verzweigt der Code je nach empfangenem
Befehl und gibt die angefragten Daten zurück.

```
if(befehl.anfrage.contains("MAT"))
{
  Befehl antwort = new Befehl();
  antwort.anfrage = "ANT";
  Student myStudent = null;

  for(Student s : Speicher.getStudenten())
  {
    if(s.name.equals(befehl.anhang))
```

```
    {
      myStudent = s;
      break;
    }
  }

  if(myStudent != null)
  {
    antwort.anhang = String.valueOf(myStudent.
        matrikelNummer);
  }
  outToClient.write(antwort.baueBefehlString());
}
else if(befehl.befehl.contains("STU"))
{ ... }
else if(befehl.befehl.contains("LEI"))
{ ... }
```

Da ein Client mehrere Anfragen stellen kann, läuft das Empfangen und Verarbeiten der Clientanfragen in einer `while(true)`-Schleife, bis die Verbindung abbricht. Ohne weitere Vorkehrungen steht der Server damit nicht für Anfragen anderer Clients zur Verfügung, bis die Verbindung getrennt wird.

Um hier Abhilfe zu schaffen, starten wir für jede Clientverbindung einen eigenen Thread, lassen also den Code der Methode `run` für mehrere Instanzen des `ClientHandler` parallel ablaufen. Damit ergibt sich für die übergeordnete Klasse `Server` die folgende Funktionalität:

Der Servercode öffnet den Serverport.

```
this.serverSocket = new ServerSocket(port);
```

Danach wartet der Server auf eine Verbindungsanfrage. Sobald eine eingeht, übergibt er den `Socket` der Verbindung an eine neu erstellte Instanz der Klasse `ClientHandler` und startet einen Thread, in dem der soeben erzeugte `clientHandler` die Anfragen dieses Client beantworten kann.

```
Socket clientSocket = serverSocket.accept();
ClientHandler clientHandler = new ClientHandler(
    clientSocket);
clientHandler.start();
```

Dieser Code läuft ebenfalls in einer `while(true)`-Schleife, so dass mehrere Verbindungsanfragen nacheinander angenommen werden.

Listing 9.16 Der Code für den `ClientHandler`

```
package TcpProtokollServer;

import java.io.IOException;
import java.io.InputStream;
import java.io.OutputStream;
import java.net.Socket;
import java.nio.charset.Charset;

public class ClientHandler extends Thread
{
  Socket clientSocket;
  InputStream inFromClient;
  OutputStream outToClient;

  public ClientHandler(Socket clientSocket) throws
      IOException
  {
    this.clientSocket = clientSocket;
    this.inFromClient = clientSocket.getInputStream();
    this.outToClient = clientSocket.getOutputStream();
  }

  @Override
  public void run()
  {
    while(true)
    {
      try
      {
        byte[] bytes = new byte[6];

        int read = inFromClient.read(bytes, 0, 6);
        if(read == -1)
        {
          schliesseVerbindung();
          return;
        }
```

```java
Befehl befehl = new Befehl();

befehl.anfrage = new String(bytes, 0, 3, Charset.
    forName("ASCII"));
String anhangLaenge = new String(bytes, 3, 3,
    Charset.forName("ASCII"));

int laenge = Integer.parseInt(anhangLaenge);
if(laenge > 0)
{
  bytes = new byte[laenge];
  inFromClient.read(bytes, 0, laenge);
  befehl.anhang = new String(bytes, 0, laenge,
      Charset.forName("UTF-8"));
}
System.out.println("Kommando: " + befehl.anfrage
    + " " + befehl.anhang +
    " von " + clientSocket.getInetAddress() + ":"
        + clientSocket.getPort());

if(befehl.anfrage.contains("MAT"))
{
  Befehl antwort = new Befehl();
  antwort.anfrage = "ANT";

  Student myStudent= Speicher.
      getSucheMatrikelNummerZuName(befehl.anhang)
      ;
  if(myStudent != null)
  {
    antwort.anhang = String.valueOf(myStudent.
        matrikelNummer);
  }
  outToClient.write(antwort.baueBefehlString());
}
else if(befehl.anfrage.contains("STU"))
{
  Befehl antwort = new Befehl();
  antwort.anfrage = "ANT";
  int matrikelNummer = Integer.parseInt(befehl.
      anhang);
```

```
  Student myStudent = Speicher.
      getStudentenInfoZuMatrikelNummer(
      matrikelNummer);
  if(myStudent != null)
  {
    antwort.anhang = myStudent.matrikelNummer + "
        ;" + myStudent.name;
  }
  outToClient.write(antwort.baueBefehlString());
}
else if(befehl.anfrage.contains("LEI"))
{
  Befehl antwort = new Befehl();
  antwort.anfrage = "ANT";
  int matrikelNummer = Integer.parseInt(befehl.
      anhang);

  Student myStudent = Speicher.
      getStudentenInfoZuMatrikelNummer(
      matrikelNummer);
  if(myStudent != null)
  {
    if(myStudent.leistungen != null)
    {
      for(Leistung l: myStudent.leistungen)
      {
        antwort.anhang += l.modul + ";" + l.note
            + "|";
      }
    }
  }
  outToClient.write(antwort.baueBefehlString());
}
}
catch (Exception e)
{
  if(!clientSocket.isConnected())
  {
    try
    {
      schliesseVerbindung();
    }
    catch (IOException e1)
```

```
          {
            e1.printStackTrace();
          }
        }
        e.printStackTrace();
        return;
      }
    }
  }

  public void schliesseVerbindung() throws IOException
  {
    System.out.println("Verbindung␣beendet␣" +
        clientSocket.getInetAddress() + ":" +
        clientSocket.getPort());
    outToClient.close();
    inFromClient.close();
    clientSocket.close();
  }
}
```

Listing 9.17   Der Servercode

```
package TcpProtokollServer;

import java.io.IOException;
import java.net.InetAddress;
import java.net.ServerSocket;
import java.net.Socket;

public class TCPServer
{
  public static void main(String[] args) throws
      IOException
  {
    int port = 47331;

    // ServerSocket erzeugen
    ServerSocket serverSocket = new ServerSocket(port);
    System.out.println("Warte␣auf␣Verbindung␣auf␣"+
        InetAddress.getLocalHost() +":" + port);
```

```
    while(true)
    {
      // Auf Verbindung warten
      Socket clientSocket = serverSocket.accept();
      System.out.println("Client verbunden: " +
          clientSocket.getInetAddress() + ":" +
          clientSocket.getPort());

      // Thread zur Bearbeitung der Anfragen ueber diese
         Verbindung starten
      ClientHandler clientHandler = new ClientHandler(
          clientSocket);
      clientHandler.start();
    }
  }
}
```

Listing 9.18 Die Klasse Befehl

```
package TcpProtokollServer;

import java.io.UnsupportedEncodingException;

public class Befehl
{
  String anfrage = "";
  String anhang  = "";

  public byte[] baueBefehlString() throws
      UnsupportedEncodingException
  {
    // Speicher fuer die Teile des Befehls
    // 3 Bytes fuer die Anfrage im 7Bit Ascii-Code
    byte[] anfrageBytes = anfrage.getBytes("ASCII");
    // Bytes fuer den Parameter im 8/16/32Bit UTF-8 Code
    byte[] anhangBytes = anhang.getBytes("UTF-8");
    // 3 Bytes fuer die Zeichenkette der Laenge im 7Bit
       Ascii-Code
    byte[] lengthBytes =  String.format("%03d",
        anhangBytes.length).getBytes("ASCII");
```

```
// Zielarray in entsprechender Groesse anlegen
byte[] befehlBytes = new byte[3 + 3 + anhangBytes.
    length];

// umkopieren in Zielarray
int index = 0;
for(int i=0; i < anfrageBytes.length; i++)
  befehlBytes[index++] = anfrageBytes[i];
for(int i=0; i < lengthBytes.length; i++)
  befehlBytes[index++] = lengthBytes[i];
for(int i=0; i < anhangBytes.length; i++)
  befehlBytes[index++] = anhangBytes[i];

return befehlBytes;
  }
}
```

9.6.2   Der Clientcode

Clientseitig wird zunächst entsprechend Kap. 7 die Verbindung zum Server aufgebaut.

Über diese Verbindung werden dann die gewünschten Kommandos zum Server gesendet und die Serverantwort empfangen. Dieser Code steht in der Methode Befehl sendeBefehl(Befehl befehl), die wir uns genauer anschauen wollen.

Befehl und Antwort sind in einer Instanz von Befehl entsprechend Listing 9.18 gekapselt. Der Befehlsstring wird in eine Folge von Bytes umgewandelt und über den einfachen OutputStream verschickt.

```
outToServer.write(befehl.baueBefehlString().getBytes())
   ;
```

Das Empfangen der Antwort ist komplexer, da wir nicht wissen, wie viele Bytes wir empfangen sollen. Wir helfen uns, indem wir zunächst nur die 6 Bytes lesen, die immer übertragen werden, nämlich 3 Bytes für die Zeichen ANT und weitere drei Bytes für die Länge des Anhangs.

```
byte[] bytes = new byte[6];

int read = inFromServer.read(bytes, 0, 6);
if(read == -1)
{ // Fehlerbehandlung ... }
```

Aus den empfangenen 6 Bytes erzeugen wir nun zwei Strings. Den ersten speichern wir als Anfrage in einer neuen Instanz von `Befehl`. Den zweiten wandeln wir in einen Integer um, damit wir wissen, wie viele Zeichen wir noch abholen müssen.

```
Befehl antwort = new Befehl();

antwort.anfrage = new String(bytes, 0, 3, Charset.
    forName("ASCII"));
String antwortAnhangLaenge = new String(bytes, 3, 3,
    Charset.forName("ASCII"));
int anhangLaenge = Integer.parseInt(antwortAnhangLaenge
    );
```

Damit ist nun klar, wie viele weitere Bytes wir noch lesen müssen. Wir legen zunächst einen entsprechend großen Buffer an, empfangen dann die Bytes und speichern sie als Anhang in unserer Instanz von `Befehl`.

```
bytes = new byte[anhangLaenge];
inFromServer.read(bytes, 0, anhangLaenge);
antwort.anhang = new String(bytes, 0, anhangLaenge,
    Charset.forName("UTF-8"));
```

Mit der so in `sendeBefehl` gekapselten Datenübertragung können wir uns um das Erzeugen von Befehlen kümmern. Für eine Anfrage erzeugen wir zunächst eine neue Instanz von `Befehl` und füllen die Felder mit dem entsprechenden Befehl und dem gesuchten Namen. Danach senden wir den Befehl an den Server und empfangen die Antwort.

```
// Finde Matrikelnummer zu Name
Befehl befehl = new Befehl();
befehl.befehl = "MAT";
befehl.anhang = name;
Befehl antwort = client.sendeBefehl(befehl);
```

Diese Antwort interpretieren wir nun. Dabei müssen Client und
Server dasselbe „Dateiformat" verwenden (siehe Abschn. 2.2).

```
int matrikelNummer = Integer.parseInt(antwort.anhang);
```

Insgesamt ergibt sich damit der Code in Listing 9.19.

Listing 9.19   Der Clientcode

```java
package TcpProtokollClient;

import java.io.IOException;
import java.io.InputStream;
import java.io.OutputStream;
import java.net.Socket;
import java.net.UnknownHostException;
import java.nio.charset.Charset;

public class TCPClient
{
  String ip;
  int port;
  Socket server;
  OutputStream outToServer;
  InputStream inFromServer;

  public TCPClient(String ip, int port)
  {
    this.ip = ip;
    this.port = port;
  }

  public void baueVerbindungAuf() throws
      UnknownHostException, IOException
  {
    this.server = new Socket(ip, port);

    System.out.println("Client_verbunden_mit:_" + this.
        server.getInetAddress() + ":" + this.server.
        getPort());

    this.outToServer = this.server.getOutputStream();
    this.inFromServer = this.server.getInputStream();
  }
```

```java
public Befehl sendeBefehl(Befehl befehl) throws
    IOException
{
  byte[] bytes = new byte[6];
  Befehl antwort = new Befehl();

  outToServer.write(befehl.baueBefehlString());

  int read = inFromServer.read(bytes, 0, 6);
  if(read == -1)
  {
    schliesseVerbindung();
    return antwort;
  }
  antwort.anfrage = new String(bytes, 0, 3, Charset.
      forName("ASCII"));
  String antwortAnhangLaenge = new String(bytes, 3, 3,
      Charset.forName("ASCII"));

  int anhangLaenge = Integer.parseInt(
      antwortAnhangLaenge);
  if(anhangLaenge > 0)
  {
    bytes = new byte[anhangLaenge];
    inFromServer.read(bytes, 0, anhangLaenge);
    antwort.anhang = new String(bytes, 0, anhangLaenge,
        Charset.forName("UTF-8"));
  }
  return antwort;
}

public void schliesseVerbindung() throws IOException
{
  outToServer.close();
  inFromServer.close();
  server.close();
}

public static void main(String[] args) throws
    UnknownHostException, IOException,
    InterruptedException
{
```

```java
String ip =   "localhost";
int port  =   47331;
String name = "Mia Fischer";

TCPClient client = new TCPClient(ip, port);

client.baueVerbindungAuf();

// Finde Matrikelnummer zu Name
Befehl befehl = new Befehl();
befehl.anfrage = "MAT";
befehl.anhang = name;
Befehl antwort = client.sendeBefehl(befehl);
if(antwort.anhang.length() > 0)
{
  // Martikelnummer zu Name gefunden (Student
      vorhanden)
  int matrikelNummer = Integer.parseInt(antwort.
      anhang);
  System.out.println("Matrikelnummer zu " + name + "
      ist: "+ matrikelNummer);

  // Leistungen des Studenten landen
  befehl.anfrage = "LEI";
  befehl.anhang = String.format("%03d",
      matrikelNummer);
  antwort = client.sendeBefehl(befehl);

  String elemente[] = antwort.anhang.split("\\|");
  Leistung leistungen[] = new Leistung[elemente.
      length];
  for(int i = 0; i < leistungen.length; i++)
  {
    String teile[] = elemente[i].split(";");
    leistungen[i] = new Leistung();
    leistungen[i].modul = teile[0];
    leistungen[i].note = Double.parseDouble(teile[1])
        ;
    System.out.println(leistungen[i].modul + " " +
        leistungen[i].note);
  }
}
else
```

```
System.out.println("Matrikelnummer␣zu␣" + name + "␣
    nicht␣gefunden");

client.schliesseVerbindung();
  }
}
```

9.7 Gegenüberstellung

In diesem Kapitel haben wir haben drei verschiedene Ansätze
kennengelernt. Alle drei leisten in etwa dasselbe: Ein Server stellt
eine Reihe Methoden zur Verfügung, die von einem Client genutzt werden können. Alle Ansätze erlauben auch den parallelen
Zugriff mehrerer Clients.

Die Abb. 9.9, 9.10 und 9.11 zeigen große Unterschiede zwischen den einzelnen Methoden im Hinblick auf die Menge und
Art der übertragenen Daten. Das SOAP-Protokoll überträgt sehr
viel zusätzliche Verwaltungsinformationen, das Eigenbauproto-
koll fast keine. REST liegt dazwischen.

Beim Vergleich der Clientcodes in den Listings 9.4, 9.12, 9.13
und 9.19 zeigt sich, dass für SOAP eigentlich nur eine zusätzliche
Zeile nötig ist, um eine Instanz des Interfaces zu erzeugen, über
das dann die Methoden aufgerufen werden. Der REST-Code verbirgt zwar die eigentliche Datenübertragung, verlangt aber dennoch vom Client-Programmierer, dass er sich um die Art der Requests und die Codierung der Daten kümmert. Sowohl bei der
Jersey-basierten, als auch bei der auf dem HTTP-Client basieren-
den Version, sind mehrere Quellcodezeilen nötig, um den Request
abzusenden, die Antwort zu empfangen und in eine Objektstruk-
tur umzuwandeln.

Der einfache SOAP-Code stellt allerdings auch eine Schwäche dieses Ansatzes dar: Client und Server verwenden eine gemeinsame Beschreibung der Schnittstelle, bei unserem Beispiel
ist das die Datei in Listing 9.1. Bei einer derart engen Kopplung wird eine Codewartung am Server fast immer auch zu einer
Änderung des Interface führen, die wiederum eine Codewartung
am Client nach sich ziehen wird – zumindest aber ein erneutes

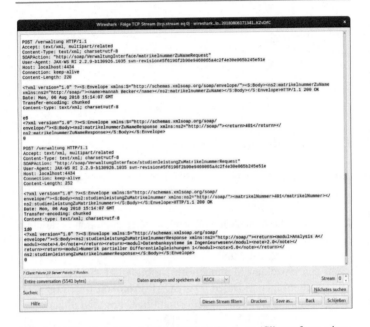

Abb. 9.9 Wireshark-Mitschnitt eines SOAP-Requests (Clientanfrage mit rotem Hintergrund; Serverantwort mit blauem Hintergrund)

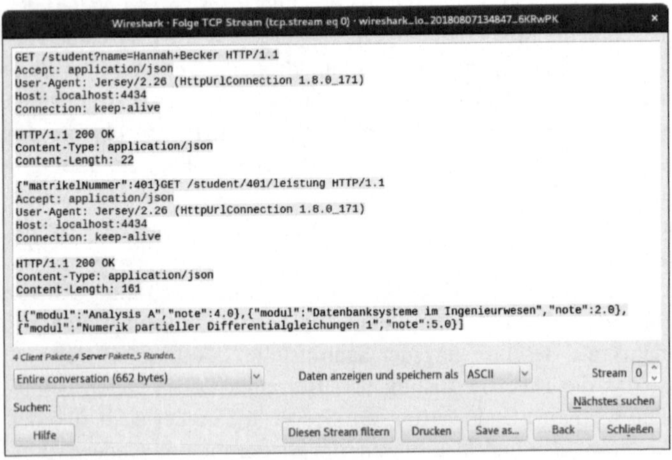

Abb. 9.10 Wireshark-Mitschnitt mehrerer aufeinanderfolgender REST-Requests

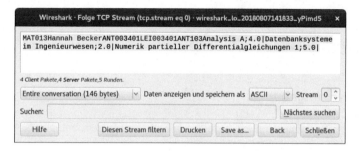

Abb. 9.11 Wireshark-Mitschnitt einer Anfrage bei der Eigenbau-Lösung

Compilieren des Clientcodes. Innerhalb eines Unternehmens, das sowohl Client als auch Server pflegt, ist das sicherlich gut darstellbar. Bei verschiedenen Clientimplementierungen in der Kontrolle verschiedener Unternehmen wird es problematisch, alle Clients immer auf dem aktuellen Stand zu halten. Beim Eigenbau-Code sieht es genauso aus. REST dagegen erlaubt durchaus eine separate Entwicklung von Client und Server. Neue Servermethoden führen zu neuen Endpoints, die ein älterer Client nicht kennen und nicht ansprechen wird. Solange kein älterer Endpoint wegfällt, wird der ältere Client wie zuvor arbeiten. Leider ist diese Flexibilität auch eine Schwäche von REST: Da es im Gegensatz zu SOAP keine Standards gibt, muss die Schnittstelle für jede Anwendung im Detail beschrieben werden.

Im Hinblick auf die übertragbaren Datentypen bringt die Eigenbau-Variante keinerlei Restriktionen, da hier ohnehin jedes Detail definiert werden muss. REST kann alle im Web bekannten Medientypen übertragen, während SOAP auf die Typen beschränkt ist, die sich mit JSON transportieren lassen.

In Bezug auf die Systemanforderungen sind sowohl SOAP als auch REST sehr anspruchsvoll: Beide verlangen einen Webserver und komplexe Bibliotheken für das Parsen der übertragenen Daten. Der Eigenbau-Code kommt mit TCP-Sockets aus und stellt damit signifikant weniger Ansprüche ans System, ist aber im Sinne der Definition vom Anfang dieses Kapitels auch kein Web Service.

Übungsaufgaben

(Lösungsvorschläge in Abschn. A.7)

Testumgebung

Die Webseite zum Buch stellt drei Serverimplementierungen bereit:

1. SOAP-Server:
   http://angewnwt.hof-university.de:4437/verwaltung
   Der Server bietet Methoden entsprechend dem Java-Code
   in Listing 9.20 an. Die darin referenzierten Klassen Student
   und Leistung entsprechen den Klassen aus Abschn. 9.3. Bitte
   beachten Sie, dass bei Verwendung von JAX-WS Get/Set-
   Methoden für die Variablen in der Klasse (wie name) nötig
   sind.
2. REST-Server:
   http://angewnwt.hof-university.de:4438/student
   Der Server stellt die folgenden Endpoints bereit:
   a. http://angewnwt.hof-university.de:4438/student liefert die
      Liste aller Studenten
   b. http://angewnwt.hof-university.de:4438/student?name=
      <Name> liefert die Matrikelnummer zum Namen <Name>
   c. http://angewnwt.hof-university.de:4438/student/<MatNr>
      liefert den Namen zur Matrikelnummer <MatNr>
   d. http://angewnwt.hof-university.de:4438/student/<MatNr>/
      leistung liefert die Studienleistungen zur Matrikelnummer
      <MatNr>
   Die Endpoints liefern jeweils JSON-Strings zurück, die entweder die Daten enthalten oder leer sind, wenn die Anfrage
   nicht bedient werden konnte. Dieses Verhalten entspricht dem
   des Servers aus Abschn. 9.5.
3. Eigenbauserver entsprechend Abschn. 9.6:
   http://angewnwt.hof-university.de:4439/
   Der Server kann über das Protokoll entsprechend Tab. 9.7 angesprochen werden.

Die jeweils letzten 10 Anfragen und die zugehörigen Serverantworten können unter http://angewnwt.hof-university.de/ZuWebservices.php eingesehen werden.

9.1
Implementieren Sie einen Client für den SOAP-Server, der alle Matrikelnummern von 10.000...30.000 durchprobiert und für die gültigen Matrikelnummern die Matrikelnummer und den Namen des Studenten ausgibt.

Protokollieren Sie Ihre Anfragen mit Wireshark, suchen Sie eine Anfrage-Antwort-Sequenz heraus und geben Sie die Zahl der darin übertragenen Bytes an!

9.2
Implementieren Sie einen Client für den REST-Server, der alle Matrikelnummern von 10.000...30.000 durchprobiert und für die gültigen Matrikelnummern die Matrikelnummer und den Namen des Studenten ausgibt.

Protokollieren Sie Ihre Anfragen mit Wireshark, suchen Sie eine Anfrage-Antwort-Sequenz heraus und geben Sie die Zahl der darin übertragenen Bytes an!

9.3
Implementieren Sie einen Client für den Eigenbauserver, der alle Matrikelnummern von 10.000...30.000 durchprobiert und für die gültigen Matrikelnummern die Matrikelnummer und den Namen des Studenten ausgibt.

Protokollieren Sie Ihre Anfragen mit Wireshark, suchen Sie eine Anfrage-Antwort-Sequenz heraus und geben Sie die Zahl der darin übertragenen Bytes an!

Listing 9.20 Interface des SOAP-Servers

```
package soap;

import javax.jws.*;

@WebService
public interface VerwaltungInterface
```

```java
{
  // Gibt die Matrikelnummer zum Namen oder -1 bei
  //    unbekanntem Namen zurueck
  public int martikelnummerZuName( @WebParam( name = "
      name" ) String name );

  // Gibt den Namen zur Matrikelnummer oder null bei
  //    unbekannter Matrikelnummer zurueck
  public Student nameZuMatrikelnummer( @WebParam( name =
      "matrikelNummer" ) int matrikelNummer );

  // Gibt die Studienleistungen zur Matrikelnummer oder
  // null bei unbekannter Matrikelnummer bzw. fehlenden
  //    Leistungen zurueck
  public Leistung[] studienleistungZuMartikelnummer(
      @WebParam( name = "matrikelNummer" ) int
      matrikelNummer );
}
```

Ausblick 10

Zusammenfassung

Dieses Kapitel deutet kurz an, was die bisher nicht behandelten, unteren Netzwerkschichten leisten.

10.1 Die unteren Schichten im Kontext

In den vorangegangenen Kap. 3, 4 und 5 wurde die Anwendungsschicht und in den Kap. 6, 7 und 8 die Transportschicht behandelt.

Die darunterliegenden Schichten wurden nicht dargestellt, da ihr Verständnis für die Anwendung der Netzwerktechnik nicht zwingend erforderlich ist.

Aus Sicht der höheren Schichten sind diese unteren Schichten irrelevant, da die von ihnen zur Verfügung gestellte Funktionalität von den höheren Schichten vollständig gekapselt wird.

Ein tieferes Verständnis dieser Schichten ist nur für den Betreiber eines Netzwerks nötig. Der Vollständigkeit halber beleuchtet dieses Kapitel knapp diese Schichten.

Diese Aussage mag kalt und uninteressiert klingen, zeigt aber die Bedeutung und die Macht des Schichtenmodells: In der Frühzeit der Netzwerktechnik mussten sich die Entwickler mit sich rapide weiterentwickelnden Netzwerktechnologien quälen, indem sie ihre Programme an die jeweils neuen Fähigkeiten anpassten.

© Springer Fachmedien Wiesbaden GmbH, ein Teil von Springer Nature 2019   225
V. Plenk, *Angewandte Netzwerktechnik kompakt*, IT kompakt,
https://doi.org/10.1007/978-3-658-24523-8_10

Ethernet

```
0000   c0 25 06 ab 4c 5b b8 e8   56 40 ce 78 08 00 45 00   ◄── IP
0010   01 ed 4d 34 40 00 40 06   7a a4 c0 a8 b2 20 c2 5f
0020   3c 0a c8 45 00 50 5f be   49 d5 30 3d 81 f6 80 18   ◄── TCP
0030   10 2c 62 d7 00 00 01 01   08 0a 38 c8 45 e4 15 e9
0040   94 61 47 45 54 20 2f 65   78 61 6d 70 6c 65 2d 31   ◄── HTTP
0050   2e 70 68 70 20 48 54 54   50 2f 31 2e 31 0d 0a 48
0060   6f 73 74 3a 20 76 70 6c   65 6e 6b 2e 6c 78 2d 6c
0070   65 68 72 65 2e 68 6f 66   2d 75 6e 69 76 65 72 73
0080   69 74 79 2e 64 65 0d 0a   43 61 63 68 65 2d 43 6f
0090   6e 74 72 6f 6c 3a 20 6d   61 78 2d 61 67 65 3d 30
00a0   0d 0a 41 63 63 65 70 74   2d 45 6e 63 6f 64 69 6e
00b0   67 3a 20 67 7a 69 70 2c   20 64 65 66 6c 61 74 65
00c0   0d 0a 43 6f 6e 6e 65 63   74 69 6f 6e 3a 20 6b 65
00d0   65 70 2d 61 6c 69 76 65   0d 0a 41 63 63 65 70 74
00e0   3a 20 74 65 78 74 2f 68   74 6d 6c 2c 61 70 70 6c
00f0   69 63 61 74 69 6f 6e 2f   78 68 74 6d 6c 2b 78 6d
0100   6c 2c 61 70 70 6c 69 63   61 74 69 6f 6e 2f 78 6d
0110   6c 3b 71 3d 30 2e 39 2c   2a 2f 2a 3b 71 3d 30 2e
0120   38 0d 0a 55 73 65 72 2d   41 67 65 6e 74 3a 20 4d
0130   6f 7a 69 6c 6c 61 2f 35   2e 30 20 28 4d 61 63 69
0140   6e 74 6f 73 68 3b 20 49   6e 74 65 6c 20 4d 61 63
0150   20 4f 53 20 58 20 31 30   5f 31 31 5f 36 29 20 41
0160   70 70 6c 65 57 65 62 4b   69 74 2f 36 30 31 2e 37
0170   2e 37 20 28 4b 48 54 4d   4c 2c 20 6c 69 6b 65 20
0180   47 65 63 6b 6f 29 20 56   65 72 73 69 6f 6e 2f 39
0190   2e 31 2e 32 20 53 61 66   61 72 69 2f 36 30 31 2e
01a0   37 2e 37 0d 0a 41 63 63   65 70 74 2d 4c 61 6e 67
01b0   75 61 67 65 3a 20 64 65   2d 64 65 0d 0a 52 65 66
01c0   65 72 65 72 3a 20 68 74   74 70 3a 2f 2f 76 70 6c
01d0   65 6e 6b 2e 6c 78 2d 6c   65 68 72 65 2e 68 6f 66
01e0   2d 75 6e 69 76 65 72 73   69 74 79 2e 64 65 2f 69
01f0   0a 44 4e 54 3a 20 31 0d   0a 0d 0a
```

Abb. 10.1 Ein Ethernetpaket enthält Pakete aus mehreren Protokollschichten
Erste 14 Bytes: Ethernet-Header; im Datenbereich des Ethernetpaketes ab
Byte 14: IP-Header; in dessen Datenbereich ab Byte 34: der TCP-Header und
in dessen Datenbereich ein HTTP-Get-Request

Durch das Einziehen der höheren Schichten wurden die Anwendungsprogramme unabhängig von den niedrigeren Schichten. Damit konnten sie weiterentwickelt werden, ohne die Investitionen
in die Anwendungsprogramme zu gefährden.

Abb. 10.1 zeigt am Beispiel eines Datenpaketes wie diese Kapselung praktisch durchgeführt wird: Beim Datenpaket handelt es
sich um ein Ethernet-Paket. Dieses Paket transportiert die Daten
zwischen dem Client mit der Mac-Adresse b8:e8:56:40:ce:78
und dem Router mit der Mac-Adresse c0:25:06:ab:4c:5b. Im

Datenbereich dieses Paketes findet sich ein IP-Paket, das vom Client mit der IP-Adresse `192.168.178.32` zum Server mit der IP-Adresse `194.95.60.10` transportiert werden soll. Die IP-Adresse des Servers ist dabei in einem anderen Netzwerk, als die des Clients. Das IP-Paket muss also geroutet werden. Im Datenbereich des IP-Paketes findet sich ein TCP-Paket mit Angabe von Quell- und Zielport (1508 bzw. 80) und protokollspezifischen Informationen wie der Seq- und Ack-Nummer. Im Datenbereich des TCP-Pakets findet sich dann ein HTTP-Get-Request.

10.2   IP-Protokoll / Netzwerkschicht

Im Ergebnis senden und empfangen die bisher besprochenen, höheren Protokollschichten Datenpakete. Sender und Empfänger werden dabei durch IP-Adressen und Portnummern identifiziert.

10.2.1   IPv4-Adressen

IP-Adressen adressieren einzelne Rechner im Netzwerk. IPv4 gliedert Netzwerke zusätzlich in Subnetze. Dazu teilt IPv4 die IP-Adresse in einen Teil, der das Netzwerk adressiert und einen Teil, der den Rechner im Netzwerk adressiert.

Netzmaske   Für diese Aufteilung wird die Netzmaske verwendet. Sie besteht wie die IP-Adresse aus 32 Bit. Die Maskierung erfolgt, indem Netzmaske und Adresse bitweise UND-verknüpft werden, um die Netzwerkkennung zu extrahieren.

Ein Beispiel: Für die IP-Adresse `192.168.178.32` ergibt sich bei einer Netzmaske von `255.255.255.0`

192.168.178.32 = 1100 0000.1010 1000.1011 0010.0010 0000

UND

255.255.255.0 = 1111 1111.1111 1111.1111 1111.0000 0000

=

192.168.178.0 = 1100 0000.1010 1000.1011 0010.0000 0000

eine Netzwerkkennung von `192.168.178.0`. Alle Adressen, für die sich diese Netzwerkkennung ergibt, liegen im gleichen Netz.

In der Praxis verwendet man nur Netzmasken, bei denen von links ausgehend alle Bits gesetzt sind. Im Beispiel oben sind das 24 Bit. Damit lässt sich die Maske abgekürzt schreiben, indem man die Zahl der gesetzten Bits angibt. Damit ergibt sich die Bezeichnung `192.168.178.0/24` für unser Netzwerk.

Private Netzwerke Mit den 4 Bytes bzw. 32 Bits einer IPv4-Adresse lassen sich maximal $2^{32} \approx 4 \cdot 10^9$ Rechner adressieren. Bei einer Erdbevölkerung von momentan $7{,}39 \cdot 10^9$ Menschen gibt es also nicht ausreichend viele IPv4-Adressen, um jedem Menschen ein internetfähiges Gerät mit einer eindeutigen Adresse zu geben.

Dieses Problem soll in Zukunft über IPv6 gelöst werden: Durch die 128 Bit breiten Adressen können hier $2^{128} \approx 3{,}4 \cdot 10^{38}$ Geräte adressiert werden, also etwa $6{,}7 \cdot 10^{23}$ Geräte je m² Erdoberfläche (einschließlich der Ozeane).

IPv4 geht das Problem anders an: Hier wird zwischen privaten, nicht eindeutigen Adressen innerhalb eines Netzwerks und öffentlichen Adressen unterschieden. Damit kann die Begrenzung auf 2^{32} Adressen umgangen werden, indem die privaten Adressen in verschiedenen Netzwerken mehrfach genutzt werden.

Private wie öffentliche Netzwerke werden über Netzmaske und IP-Adresse beschrieben.

Es gibt drei Adressblöcke, die für private Netzwerke reserviert sind: `10.0.0.0/8` `172.16.0.0/12` und `192.168.0.0/16`.

Das Netzwerk `192.168.178.0/24` aus unserem Beispiel ist also ein privates Netzwerk im dritten Adressblock. Da die Netzwerkmaske 24 Bit breit ist, nutzt dieses Netzwerk nur einen Teil der möglichen privaten Adressen.

10.2.2 Routing

Die Netzwerkschicht übernimmt die von den übergeordneten Schichten erzeugten Pakete und gibt sie an die Netzzugangsschicht weiter, in der der tatsächliche Datentransport erfolgt.

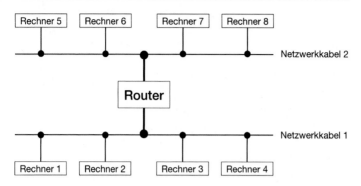

Abb. 10.2 Ein Router verbindet zwei Netzwerke

Die wichtigste Aufgabe der Netzwerkschicht ist das Routing der
Pakete zwischen mehreren Netzen.

Abb. 10.2 zeigt ein einfaches Beispiel für Routing: Die Rechner in den beiden Netzwerken empfangen alle Datenpakete ihres
jeweiligen Netzwerks. Bei einem Datenaustausch zwischen zwei
Rechnern im selben Netzwerk ignorieren die übrigen Rechner im
Netzwerk die nicht an sie adressierten Pakete.

Für einen Datenaustausch zwischen einem Rechner in einem
Netzwerk und einem Rechner im anderen Netzwerk empfängt der
Router das Datenpaket, erkennt, dass es für das andere Netzwerk
bestimmt ist und erzeugt in diesem Netzwerk ein neues Datenpaket mit dem Inhalt des ursprünglichen Paketes und sendet es an
den Zielrechner.

Das echte Routing ist deutlich komplexer. Hier gibt es mehrere mögliche Verbindungen zwischen zwei Systemen, die im Allgemeinen über mehrere Zwischenstationen führen. Dabei muss
nicht nur der beste Weg aus einer Menge bekannter Wege auf einer bekannten „Landkarte" gefunden werden, sondern zusätzlich
auch die Karte aufgebaut bzw. dynamisch an den Netzwerkzu-
stand angepasst werden.

Für den Austausch zwischen den Routern, der dem Aufbau der
Karte und der Definition der Routen dient, gibt es eine Reihe von
Protokollen wie RIP, OSPF, BGP3 [3].

Network Address Translation (NAT) Ausgehende Pakete, die von privaten Adressen an eine öffentliche Adresse im Internet gehen, können vom Router zwischen privatem Netz und Internet problemlos weitergegeben werden. Um Antworten auf diese Pakete an die für das Internet nicht sichtbare Absenderadresse bearbeiten zu können, ersetzt der Router die Absenderadresse durch die öffentliche Adresse des Routers und die Portnummer des Absenders durch eine eindeutige andere Portnummer. Bei eingehenden Antwortpaketen, die dann an die öffentliche Adresse des Routers und die veränderte Portnummer adressiert sind, erkennt der Router anhand der Portnummer die Adresse im privaten Netz und gibt das Paket an diese weiter.

Der zentrale Nachteil dieses Verfahrens ist, dass eingehende Pakete nur dann ins private Netz zugestellt werden können, wenn sie eine Antwort auf ein vorher aus dem privaten Netz versandtes Paket darstellen.

Firewall Das Internet ist ein öffentlicher Raum, in dem nicht alle Teilnehmer bekannt sind. Deswegen trennen Netzwerkadministratoren aus Sicherheitsgründen das eigene, private Netz vom Internet und leiten ein- und ausgehende Pakete durch eine Firewall.

Eine Firewall ist im Prinzip eine Software, die Pakete über eine Schnittstelle empfängt und auf eine zweite Schnittstelle weiterleitet. Dabei unterscheidet sie sich von einem Router darin, dass ein Router das Ziel hat, möglichst alle Pakete durchzuleiten, während die Firewall die Pakete mehr oder weniger streng filtert und nur einen Teil durchleitet.

Die üblichen Internetrouter in Privathaushalten enthalten meist eine einfache Firewall.

10.3   Ethernet / Netzzugangsschicht

Diese unterste Schicht im Protokollstack ist die einzige Schicht, die tatsächlich Daten überträgt. Damit ist sie historisch gesehen die älteste Schicht und die Schicht, mit der die Netzwerktechnik begann.

Transportmedium (media) Ein klassisches Netzwerk kann man sich wie ein Zimmer vorstellen, in dem sich mehrere Personen befinden. Diese kommunizieren über ein gemeinsames Medium, den Schall. Wenn eine Person/ein Teilnehmer spricht/sendet, können das alle anderen Personen/Teilnehmer im Raum hören/empfangen. Da die Nachricht aber im Allgemeinen adressiert ist, also nur eine Person angesprochen wird, verwerfen die anderen Personen die Nachricht.

Die Netzwerktechnik spricht hier von einem gemeinsamen Medium (shared media) mit Mehrfachzugriff (multiple access).

Zugriffskontrolle (media access) Wenn in diesem gemeinsamen Medium zwei oder mehr Personen gleichzeitig sprechen/-senden, versteht niemand mehr etwas. Damit stellt sich gleich die erste Frage: „Wer darf wann mit dem Senden beginnen?" Die Netzwerktechnik kennt hier eine Reihe von Verfahren wie CSMA/CD, CSMA/CA oder Token Passing [9, 18].

Multiplexing Mit einem Zugriffsverfahren kann das gemeinsame Medium also nacheinander von verschiedenen Teilnehmern zur Kommunikation genutzt werden. Ein derartiges Verfahren zur mehrfachen Nutzung des Mediums nennt man Multiplexing.

Die Netzwerktechnik kennt eine Reihe von Multiplexverfahren. Diese übertragen die Informationen entweder nacheinander, so wie im Beispiel des Gesprächs. Hier spricht man von Time Division Multiple Access (TDMA).

Alternativ könnten die Teilnehmer beispielsweise durch hohe und tiefe Pfeiftöne kommunizieren. Sollten zwei Töne gleichzeitig gesendet werden, können sie anhand der Frequenz unterschieden werden. Hier werden also mehrere Informationen parallel übertragen. Ein derartiges Verfahren bezeichnet man als Frequency Division Multiple Access (FDMA).

Bandbreite Die eigentliche Datenübertragung erfolgt seriell: Die Pakete bestehen aus Bytes, die wiederum bitweise übertragen werden. Für ein Bit werden dabei zwei Symbole, eines für den Wert 1 bzw. `true` und eines für den Wert 0 bzw. `false` verwendet. Bei den Pfeiftönen könnte beispielsweise „Pfeifen" für 1 und

„Stille" für 0 stehen. Bei kabelgebundener Übertragung werden zwei Spannungspegel wie 0 V und 5 V verwendet.

Eine Übertragung besteht damit aus einer (langen) Reihe Bits, für die in einem festen Takt nacheinander die Symbole für 1 und 0 auf das Medium gegeben werden. Je schneller das geschehen kann, desto schneller wird die Information übertragen. Die Geschwindigkeit wird von der Ausbreitungszeit im Medium – alle Teilnehmer müssen ein Symbol wahrgenommen haben, bevor das nächste Symbol übertragen wird – und der Bandbreite des Mediums begrenzt. Die Bandbreite begrenzt dabei die Geschwindigkeit, mit der zwischen den Symbolen gewechselt werden kann. Je höher die Bandbreite, desto mehr Wechsel pro Zeit können übertragen werden.

Ein Wechsel entspricht dabei nicht zwingend einem übertragenen Bit, da auch der Takt übertragen werden muss, damit Sender und Empfänger synchron bleiben. Baun [3] stellt eine Reihe unterschiedlicher Codes wie RZ, NRZ usw. vor.

Eine letzte Schwierigkeit ist es, im seriellen Datenstrom den Beginn eines Paketes zu erkennen. Dazu werden im Allgemeinen vor dem eigentlichen Paket-Telegramm spezielle Header gesendet, die oft auch der Taktgewinnung dienen.

Lösungsvorschläge zu den Übungsaufgaben

A.1 Lösungen zu Kap. 2

2.1 Mittelwert aller Noten

Die Methode `mittelwert` errechnet den Mittelwert aller Noten über alle Studenten. Der Methode wird das Feld `studenten` mit den Studentendaten übergeben. Dieses Feld wird in zwei ineinander geschachtelten Schleifen durchlaufen.

Die äußere For-Schleife (Laufindex `i`) geht über die Zahl der eingetragenen Studenten (Methode `length`). Falls mindestens eine Prüfungsleistung des jeweiligen Studenten eingetragen ist, werden die Noten über eine innere For-Schleife (Laufindex `j`) aufsummiert (Variable `summe`). Die Variable `count` zählt die Zahl der Aufsummierungen.

Nach Ablauf der Schleife gibt die Methode den arithmetischen Mittelwert $\frac{summe}{count}$, wenn `count` > 0 ist, oder 0 zurück, falls die Studentendaten noch keine Prüfungsleistungen enthalten.

```
// Ermittlung des Mittelwertes ueber alle Noten aller
    Studenten
double mittelwert (Student[] studenten) {

    double summe=0;
    int count=0;

    for(int i=0; i < studenten.length; i++) { // Schleife
        ueber die Anzahl der eingetragenen Studenten
      if(studenten[i].leistungen != null) { // falls
        mindestens eine Pruefungsleistung eingetragen,
        dann...
```

© Springer Fachmedien Wiesbaden GmbH, ein Teil von Springer Nature 2019
V. Plenk, *Angewandte Netzwerktechnik kompakt*, IT kompakt,
https://doi.org/10.1007/978-3-658-24523-8

```
    for (int j=0; j < studenten[i].leistungen.length;
        j++) {
            // ...Schleife ueber die Anzahl der
                eingetragenen Pruefungsleistungen des
                jeweiligen Studenten
        summe=summe+studenten[i].leistungen[j].note;
            // Noten aufsummieren
        count++; // count = Anzahl der aufsummierten
            Noten
        }
      }
    }

  if (count > 0)         // Wenn mindestens eine Note,
      dann...
    return (summe/count); // ...Rueckgabe des arithm.
        Mittelwertes
  else return 0;         // ansonsten wird 0
      zurueckgegeben
}
```

2.2 Lesen als Binärdatei

Der nachfolgende Code zeigt die Klasse `Loes_Aufg_2_2`. Die Variable `dateiName` enthält den Namen der UTF-8-Datei. Diese wird über einen `FileInputStream` Byte für Byte eingelesen. Solange das gelesene Byte nicht `-1` und damit dem Ende des Streams entspricht, wird es in der Variable `by` zwischengespeichert und anschließend als Code und entsprechendes ASCII-Zeichen ausgegeben.

```java
import java.io.File;
import java.io.FileInputStream;
import java.io.IOException;
import java.io.InputStream;

public class Loes_Aufg_2_2 {

  public static void main(String[] args) throws
      IOException {

    String dateiname = "UTF-8-demo.txt";
    File f = new File( dateiname );
```

```
    InputStream in;
    in = new FileInputStream( f );
    int by;

    while( (by=in.read()) != -1 )     // naechstes einzelne
          Byte lesen
    {
      System.out.println(by + "␣=␣" + (char)by);   // als
            Code und ASCII-Zeichen (der Wert von by ist
            hier ein 8-Bit-Wert)
    }

    in.close();
  }
}
```

2.3 Lesen als Textdatei zeichenweise und zeilenweise

a) Der nachfolgende Code zeigt die Klasse Loes_Aufg_2_3a. Sie liest eine Textdatei über einen InputStreamReader aus einem File InputStream ein. Solange das gelesene Zeichen nicht -1 und damit dem Ende des Streams entspricht, wird es in der Variable ch zwischengespeichert und anschließend als ASCII-Code ausgegeben.

```
import java.io.FileInputStream;
import java.io.IOException;
import java.io.InputStreamReader;

public class Loes_Aufg_2_3a {

  public static void main(String[] args) throws
        IOException {

    FileInputStream fis = null;
    InputStreamReader isr = null;
    try {
      fis = new FileInputStream("UTF8-demo.txt");
      isr = new InputStreamReader(fis, "UTF8");
      int ch;
            while ((ch = isr.read()) != -1) {    //
                  einzelnes Zeichen lesen
        System.out.print((char)ch);
      }
    } finally {
```

```
    if (fis != null) {
      fis.close();
    }
    if (isr != null) {
      isr.close();
    }
  }
 }
}
```

b) Der nachfolgende Code zeigt die Klasse Loes_Aufg_2_3b. Sie koppelt die Kombination aus InputStreamReader und File InputStream mit einem BufferedReader. Solange readLine nicht null zurückgibt und damit das Ende des Streams signalisiert, wird die gelesene Zeile in dem String line zwischengespeichert und anschließend ausgegeben.

```
import java.io.BufferedReader;
import java.io.FileInputStream;
import java.io.IOException;
import java.io.InputStreamReader;

public class Loes_Aufg_2_3b {

  public static void main(String[] args) throws
      IOException {

    FileInputStream fis = null;
    InputStreamReader isr = null;
    BufferedReader bufRed = null;
    try {
      fis = new FileInputStream("UTF8-demo.txt");
      isr = new InputStreamReader(fis, "UTF8");
      bufRed = new BufferedReader(isr);
      String line;
      while ((line = bufRed.readLine()) != null) {   //
          naechste Zeile lesen
        System.out.println(line);
      }
    } finally {
      if (fis != null) {
        fis.close();
      }
```

```
      if (isr != null) {
        isr.close();
      }
      if (bufRed != null) {
        bufRed.close();
      }
    }
  }
}
```

2.4 Lesen einer Binärdatei

Der nachfolgende Code zeigt die Klasse `Loes_Aufg_2_4` mit der
Methode `leseDatei`. Die Variable `dateiName` enthält den Namen
der Binärdatei. Diese wird über einen `FileInputStream`, der gekoppelt ist mit einem `DataInputStream`, eingelesen. Der erste gelesene Wert enthält die Zahl der Einträge (`studCnt`). Falls Einträge
vorhanden sind, so werden diese über zwei geschachtelte For-
Schleifen gelesen und im Feld `geleseneStudenten` abgelegt. Die
Methode gibt anschließend dieses Feld als Rückgabewert zurück.
Der Rückgabewert ist `null` falls keine Einträge vorhanden waren.

```java
import java.io.DataInputStream;
import java.io.FileInputStream;
import java.io.IOException;

public class Loes_Aufg_2_4 {

  String dateiName;

  Loes_Aufg_2_4(String dateiName)
  {
    this.dateiName = dateiName;
  }

  public Student[] leseDatei() throws IOException {
    Student[] geleseneStudenten;

    FileInputStream fis = new FileInputStream(dateiName);
    DataInputStream dis = new DataInputStream(fis);

    int studCnt = dis.readInt();  // Lesen der Zahl der
        Datensaetze (1. Zeile in der Datei)
```

```java
// Falls Datensaetze in Datei vorhanden, diese
    auslesen und in Feld ablegen
if(studCnt != 0)
{
  geleseneStudenten = new Student[studCnt];
  for(int i=0; i < studCnt; i++) {
    geleseneStudenten[i] = new Student();
    geleseneStudenten[i].matrikelNummer = dis.readInt
        ();
    geleseneStudenten[i].name = dis.readUTF();
    int leistCnt = dis.readInt();
    // Falls auch Pruefungsleistungen hinterlegt sind
        , diese ebenso auslesen und ablegen
    if(leistCnt != 0) {
      geleseneStudenten[i].leistungen = new Leistung[
          leistCnt];
      for(int j=0; j < leistCnt; j++) {
        geleseneStudenten[i].leistungen[j] = new
            Leistung();
        geleseneStudenten[i].leistungen[j].modul =
            dis.readUTF();
        geleseneStudenten[i].leistungen[j].note = dis
            .readDouble();
      }
    }
    else
      geleseneStudenten[i].leistungen = null;
  }
}
else
  geleseneStudenten = null;

dis.close();  // Schliessen der Streams
fis.close();
return geleseneStudenten; // Rueckgabe des Feldes mit
    den Studentendaten
  }
}
```

Der nachfolgende Code zeigt beispielhaft die Verwendung obiger Klasse. Dabei wird die Datei *binaerdatei.bin* ausgelesen:

```
Loes_Aufg_2_4 lesen = new Loes_Aufg_2_4 ("binaerdatei.
    bin");
Student[] studenten = lesen.leseDatei();
```

2.5 Schreiben einer Textdatei

Folgender Code zeigt die Klasse `Loes_Aufg_2_5`. Die Methode `schreibeDemodaten` setzt die einzelnen Attribute der in Kap. 2.1 erzeugten Datensätze mit Studentendaten zu einem String zusammen und schreibt diese in eine Textdatei im Format UTF-8. Die erste Zeile in der Datei enthält die Zahl der Studentendatensätze. Bei der Zusammensetzung des zu schreibenden Textes kommen zwei geschachtelte For-Schleifen zum Einsatz.

```java
import java.io.FileOutputStream;
import java.io.IOException;
import java.io.OutputStreamWriter;


public class Loes_Aufg_2_5 {

  public void schreibeDemodaten(String dateiName, Student
      [] studenten) throws IOException {
    FileOutputStream fos = new FileOutputStream(dateiName
        );
    OutputStreamWriter osw = new OutputStreamWriter(fos,"
        UTF8");

    String toWrite;

    if(studenten != null) {
      // zu schreibenden Text aus einzelnen Elementen
          zusammensetzen
      toWrite = String.format("%d",studenten.length );
      // Elemente mit ; und Leerzeichen trennen
      toWrite += ";_";
      // Text als Zeile schreiben
      toWrite += "\n";
      osw.write(toWrite);

      for(int i=0; i < studenten.length; i++) {
        // neuen Text beginnen
        toWrite = String.format("%d;_%s;_",
            studenten[i].matrikelNummer,
```

```
            studenten[i].name);
      if(studenten[i].leistungen != null) {
        // Text ergaenzen
        toWrite += String.format("%d;␣",studenten[i].
            leistungen.length);

        for(int j=0; j < studenten[i].leistungen.length
            ; j++) {
          toWrite += String.format("%s;␣%3.1f;␣",
              studenten[i].leistungen[j].modul,
              studenten[i].leistungen[j].note);
        }
      }
      else
        toWrite += "0;␣";
      // Text / Datensatz eines Studenten als Zeile
          ausgeben
      toWrite += "\n";
      osw.write(toWrite);
    }
  }
  else
  {
    toWrite = "0;␣\n";
    osw.write(toWrite);
  }
  osw.close();
  fos.close();
  }
}
```

Der nachfolgende Code zeigt beispielhaft die Verwendung obiger Klasse. Dabei wird die Datei *testdaten.txt* mit den vorher erzeugten 400 Demodatensätzen angelegt.

```
Loes_Aufg_2_5 demoDatei = new Loes_Aufg_2_5 ();
demoDatei.schreibeDemodaten("testdaten.txt", studenten)
    ;
```

A.2 Lösungen zu Kap. 3

3.1 Klassenstruktur für Informationen aus JSON-Datei

Die folgende Klassenstruktur ermöglicht die Aufnahme von Daten einer Person mit Namen und Alter sowie den Verweis auf dazugehörige Kinder mit den gleichen Attributen.

```
class Person {
  String name;
  int alter;
  Kind [] kinder;
}

class Kind {
  String name;
  int alter;
}
```

A.3 Lösungen zu Kap. 4

4.1 Ermitteln der eigenen IP-Adresse

Basis für jede Analyse ist das Wissen über die Kommunikationspartner. Die „Gegenstelle" ist im Allgemeinen bekannt, aber die Adresse und Netzwerkkarte des eigenen Rechners nicht. Hier hilft das Windows-Tool `ipconfig`. Das Tool wird auf der Kommandozeile aufgerufen und zeigt die wichtigsten Netzwerkeinstellungen des Rechners übersichtlich an.

`ipconfig /all` liefert eine erweiterte Liste aller aktiven Netzwerkkarten und zeigt für jede Karte u. a. folgende nützliche Informationen an:

- Name
- IPv4-Adresse
- Subnetzmaske
- Standard-Gateway

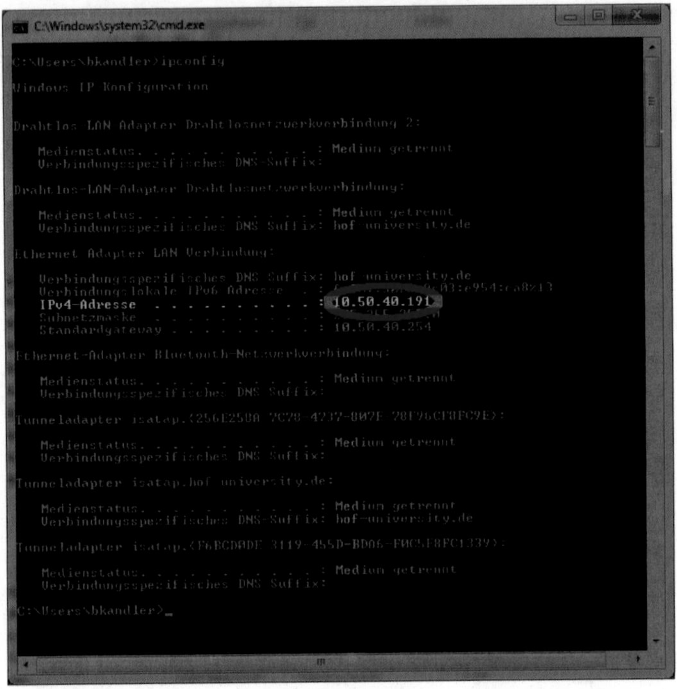

Abb. A.1 Ermittlung der eigenen IP-Adresse

Abb. A.1 zeigt die Eingabeaufforderung unter Microsoft Windows nach dem Aufruf des Befehls `ipconfig` zur Ermittlung der eigenen IP-Adresse.

4.2 Analyse eines Netzwerk-Pings mit Wireshark

Abb. A.2 zeigt die Eingabeaufforderung unter Microsoft Windows. Der Befehl `ping <ipadr>` setzt einen Netzwerk-Ping auf eine gültige IP-Adresse ab. Unter Windows werden dabei vier Ping-Versuche unternommen.

Den dazugehörige Wireshark-Mitschnitt zeigt Abb. A.3. In Wireshark wurde dabei ein Display-Filter verwendet (`ip.addr == 172.217.21.131`).

Dem Mitschnitt können u. a. folgende Informationen entnommen werden:

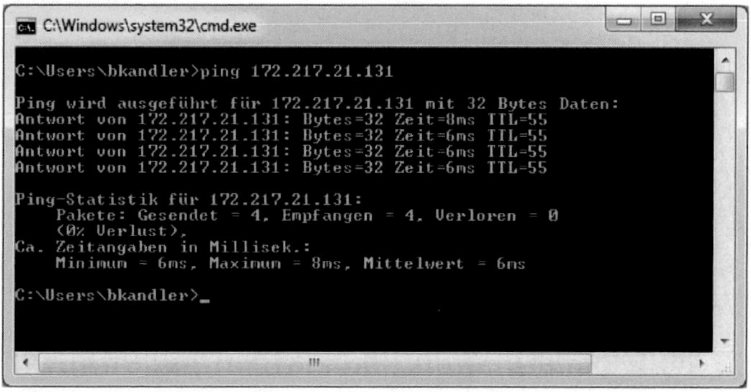

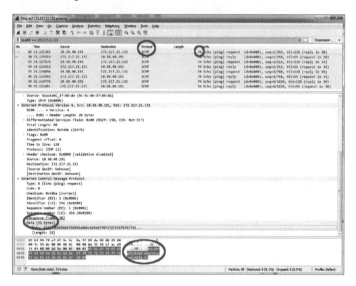

Abb. A.2 Ping-Kommando

Abb. A.3 Wireshark-Mitschnitt

- Protokoll: ICMP (Internet Control Message Protocol)
- Paketgröße: 74 Bytes (davon 32 Bytes Nutzdaten)
- In den Nutzdaten sind u. a. die ermittelten Ping-Zeiten sowie einige Füllbytes enthalten.

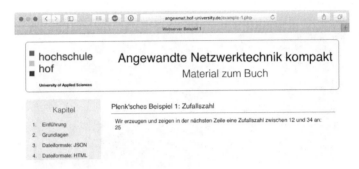

Abb. A.4 Im Browser geöffnete Webseite

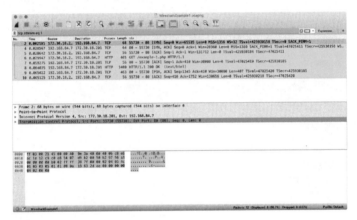

Abb. A.5 Wireshark-Mitschnitt

4.3 Abrufen einer Webseite

Abb. A.4 und A.5 zeigen den Browser mit der geöffneten Seite sowie den dazugehörigen Wireshark-Mitschnitt. Beim Mitschneiden wurde ein Capture-Filter verwendet, so dass nur Pakete vom und zum gewünschten Host aufgezeichnet wurden. Alle anderen Pakete wurden verworfen.

Wireshark erlaubt das Verfolgen einzelner TCP-Streams (Menü Analyze/Follow/TCP-Stream) (siehe Abb. A.6).

Abb. A.7 zeigt u. a. die Nutzinformation (in unserem Fall die Zufallszahl 25).

```
●  ●  ●           Wireshark · Follow TCP Stream (tcp.stream eq 1) · wireshark_pcapng_ppp0_20160908160953_21B44f

GET /example-1.php HTTP/1.1
Host: angewnwt.hof-university.de
Accept-Encoding: gzip, deflate
Connection: keep-alive
Accept: text/html,application/xhtml+xml,application/xml;q=0.9,*/*;q=0.8
User-Agent: Mozilla/5.0 (Macintosh; Intel Mac OS X 10_11_6) AppleWebKit/601.7.8 (KHTML, like Gecko)
Version/9.1.3 Safari/601.7.8
Accept-Language: de-de
Referer: http://angewnwt.hof-university.de/html.php
DNT: 1

HTTP/1.1 200 OK
Date: Thu, 08 Sep 2016 14:09:54 GMT
Server: Apache/2.4.18 (Ubuntu)
Content-Length: 1545
Keep-Alive: timeout=5, max=100
Connection: Keep-Alive
Content-Type: text/html; charset=UTF-8

<!DOCTYPE html PUBLIC "-//W3C//DTD HTML 4.01//EN" "http://www.w3.org/TR/html4/strict.dtd">
<html lang="de">
<head>
<link rel="stylesheet" href="style.css">
<meta charset="ISO-8859-1">
<title id="http">Webserver Beispiel 1</title>
<meta content="Philipp Schmalz" name="author">
</head>

<header>
          <img src="fhh.gif">
          <h1>Angewandte Netzwerktechnik kompakt</h1>
          <h2>Material zum Buch</h2>
</header><nav>
          <div class="navHead">Kapitel</div>
          <ul>
                    <li id="navEinf"><a href="einfuehrung.php">Einf..hrung</a>
                    </li>
                    <li id="navGrundl"><a href="grundlagen.php">Grundlagen</a>
                    </li>
                    <li id="navJson"><a href="json.php">Dateiformate: JSON</a>
                    </li>
                    <li id="navHtml"><a href="html.php">Dateiformate: HTML</a>
                    </li>
                    <li id="navHttp"><a href="http.php">Protokolle: HTTP</a>
                    </li>
                    <li id="navOpc"><a href="opcua.php">Protokolle: OPC UA</a>
                    </li>
                    <li id="navTcp"><a href="tcpip.php">Protokolle: TCP / IP</a>
                    </li>
                    <li id="navUdp"><a href="udpip.php">Protokolle: UDP / IP</a>
                    </li>
          </ul>
          <ul class="anhang">
                    <li class="anhang" id="navLoes"><a href="loes_aufg.php">L..sungsvorschl..ge
..bungsaufgaben</a>
                    </li>
          </ul>
</nav>

<body id="http"></body>

<main>

<h3>Plenk'sches Beispiel 1: Zufallszahl</h3>
<hr>
<article>

Wir erzeugen und zeigen in der n&auml;chsten Zeile eine Zufallszahl zwischen 12 und 34 an:<br>
25</article>
</main>

<footer>
          <a class=noline href=http://www.hof-university.de/impressum.html>Impressum</a> |
          <a class=noline href=http://www.hof-university.de/datenschutz.html>Datenschutz</a>
</footer>

1 client pkt(s), 2 server pkt(s), 1 turn(s).

Entire conversation (2160 bytes)             ◇       Show data as   ASCII   ◇              Stream  1 ◇

Find:                                                                                         Find Next

  Help     Hide this stream    Print    Save as...                                              Close
```

Abb. A.6 TCP-Following

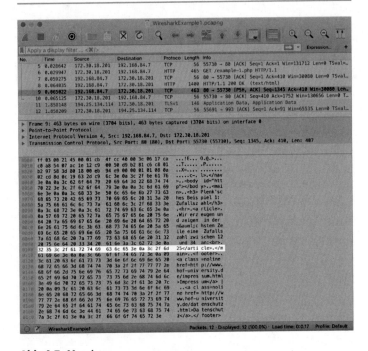

Abb. A.7 Nutzdaten

```
42  <main>
43
44  <h3>Plenk'sches Beispiel 1: Zufallszahl</h3>
45  <hr>
46  <article>
47
48  Wir erzeugen und zeigen in der n&auml;chsten Zeile eine Zufallszahl zwischen 12 und 34 an:<br>
49  20</article>
50  </main>
51
52  <footer>
53      <a class=noline href=http://www.hof-university.de/impressum.html>Impressum</a> |
54      <a class=noline href=http://www.hof-university.de/datenschutz.html>Datenschutz</a>
55  </footer>
```

Abb. A.8 Quelltextausschnitt

4.4 Analyse des HTML-Codes

Abb. A.8 zeigt einen Ausschnitt des Quelltextes der Webseite im Browser. Darin ist auch die Nutzinformation zu sehen (in unserem Fall die Zufallszahl 20).

Abb. A.9 Webseite nach Formulareingabe

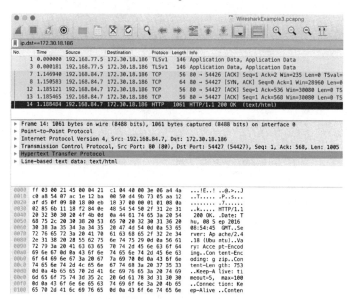

Abb. A.10 Wireshark-Mitschnitt der übertragenen Pakete

4.5 Übertragen von Formulareingaben an den Server

Abb. A.9 zeigt die Antwort des Servers im Webbrowser nach Eingabe der Zahl 20.

Der Wireshark-Mitschnitt in Abb. A.10 zeigt alle Pakete der Kommunikation zwischen Client und Server, in denen Daten an

```
Wireshark · Follow TCP Stream (tcp.stream eq 2) · wireshark_pcapng_pop0_20160908182852_4noYlc

POST /example-3-antwort.php HTTP/1.1
Host: angewnwt.hof-university.de
Content-Type: application/x-www-form-urlencoded
Origin: http://angewnwt.hof-university.de
Accept-Encoding: gzip, deflate
Content-Length: 32
Connection: keep-alive
Accept: text/html,application/xhtml+xml,application/xml;q=0.9,*/*;q=0.8
User-Agent: Mozilla/5.0 (Macintosh; Intel Mac OS X 10_11_6) AppleWebKit/601.7.8
(KHTML, like Gecko) Version/9.1.3 Safari/601.7.8
Referer: http://angewnwt.hof-university.de/example-3.php
DNT: 1
Accept-Language: de-de

clientInput=20&action=AbschickenHTTP/1.1 200 OK
Date: Thu, 08 Sep 2016 16:28:55 GMT
Server: Apache/2.4.18 (Ubuntu)
Content-Length: 1530
Keep-Alive: timeout=5, max=100
Connection: Keep-Alive
Content-Type: text/html; charset=UTF-8

<!DOCTYPE html PUBLIC "-//W3C//DTD HTML 4.01//EN" "http://www.w3.org/TR/html4/
strict.dtd">
<html lang="de">
<head>
<link rel="stylesheet" href="style.css">
<meta charset="ISO-8859-1">
<title id="http">Webserver Beispiel 3</title>
<meta content="Philipp Schmalz" name="author">
</head>

<header>
        <img src="fhh.gif">
        <h1>Angewandte Netzwerktechnik kompakt</h1>
        <h2>Material zum Buch</h2>
</header><nav>
        <div class="navHead">Kapitel</div>
        <ul>
                <li id="navEinf"><a href="einfuehrung.php">Einf..hrung</a>
                </li>
                <li id="navGrundl"><a href="grundlagen.php">Grundlagen</a>
                </li>
                <li id="navJson"><a href="json.php">Dateiformate: JSON</a>
                </li>
                <li id="navHtml"><a href="html.php">Dateiformate: HTML</a>
                </li>
                <li id="navHttp"><a href="http.php">Protokolle: HTTP</a>
                </li>
                <li id="navOpc"><a href="opcua.php">Protokolle: OPC UA</a>
                </li>
                <li id="navTcp"><a href="tcpip.php">Protokolle: TCP / IP</a>
                </li>
                <li id="navUdp"><a href="udpip.php">Protokolle: UDP / IP</a>
                </li>
        </ul>
        <ul class="anhang">
                <li class="anhang" id="navLoes"><a
href="loes_aufg.php">L..sungsvorschl..ge ..bungsaufgaben</a>
                </li>
        </ul>
</nav>

<body id="http"></body>

<main>
<h3>Plenk'sches Beispiel 3: Output</h3>
<hr>
<article>
<p>
Sie schickten dem Server die Zahl
20
und der Server verdoppelt diese Zahl:
40
</p>
</article>
</main>

<footer>
        <a class=noline href=http://www.hof-university.de/
impressum.html>Impressum</a> |
        <a class=noline href=http://www.hof-university.de/
datenschutz.html>Datenschutz</a>
</footer>

2 client pkt(s), 2 server pkt(s), 1 turn(s).

Entire conversation (2303 bytes)     Show data as  ASCII      Stream  2

Find:                                                         Find Next

Help    Hide this stream    Print    Save as...               Close
```

Abb. A.11 Verfolgen des TCP-Streams zwischen Server und Client

den Server übertragen wurden. Dazu wurde ein Display-Filter verwendet (`ip.dst == 172.30.18.186`).

Wireshark erlaubt das Verfolgen einzelner TCP-Streams (Menü Analyze/Follow/TCP-Stream, siehe Abb. A.11) um alle übertragenen Daten und den Ablauf der Kommunikation übersichtlich anzeigen zu lassen.

Aus dem Stream geht hervor, dass neben der Formulareingabe noch weitere Daten an den Server übertragen werden, wie bspw. die Länge der übertragenen Daten, Informationen zu Browser und Betriebssystem und die gewünschte Sprache.

Die Daten werden über eine POST-Anfrage an die Seite `example-3-antwort.php` auf dem Server `angewnwt.hof-university.de` übertragen.

A.4 Lösungen zu Kap. 5

5.1 Ein einfacher HTTP-Client ohne Benutzerauthentifizierung

Das Programm `Loes_Aufg_5_1` ruft mittels `HTTPGet` eine Webseite ab und gibt den empfangenen Text zeilenweise auf der Konsole aus. Weiterhin wird die Zufallszahl aus dem empfangenen Text extrahiert. Durch Betrachtung des Quellcodes der Webseite wissen wir, dass sie sich am Ende des HTML-Dokuments am Beginn einer neuen Zeile unmittelbar vor dem Tag `</article>` befindet. Dementsprechend wird in jeder gelesenen Zeile nach dem String `/article` gesucht. Wird er gefunden, gibt die Methode `indexOf` die Stelle in der gelesenen Zeile zurück, an der er beginnt. Anschließend wird ein Substring der gelesenen Zeile von Stelle 0 (Beginn der Zeile und damit erste Ziffer der Zufallszahl) bis ausschließlich der letzten Stelle vor dem Tag, an welcher noch die öffnende spitze Klammer steht, ausgegeben.

```
import java.io.BufferedReader;
import java.io.IOException;
import java.io.InputStream;
import java.io.InputStreamReader;

import org.apache.http.HttpEntity;
```

```java
import org.apache.http.client.ClientProtocolException;
import org.apache.http.client.methods.
    CloseableHttpResponse;
import org.apache.http.client.methods.HttpGet;
import org.apache.http.impl.client.CloseableHttpClient;
import org.apache.http.impl.client.HttpClients;
import org.apache.http.util.EntityUtils;

public class Loes_Aufg_5_1 {

  public static void main(String[] args) throws
      ClientProtocolException, IOException {

    CloseableHttpClient httpClient = HttpClients.
        createDefault();

    HttpGet httpGet = new HttpGet ("http://angewnwt.hof-
        university.de/example-1.php");
    CloseableHttpResponse response = httpClient.execute(
        httpGet);
    System.out.println(response.getStatusLine());
    HttpEntity entity = response.getEntity();
    InputStream netzwerkStream = entity.getContent();
    InputStreamReader netzwerkStreamReader = new
        InputStreamReader (netzwerkStream);

    BufferedReader bufNeRd = new BufferedReader (
        netzwerkStreamReader);

    String geleseneZeile;
    String such = "/article"; // gesuchter String
    while ((geleseneZeile = bufNeRd.readLine()) != null)
    {
      System.out.println(geleseneZeile); // empfangenen
          Text zeilenweise ausgeben
      int index = geleseneZeile.indexOf(such,0); //
          Zufallszahl befindet sich vor dem Tag < /
          article >

      if (index > -1) // gesuchter String gefunden
        System.out.println("Die extrahierte Zufallszahl
            lautet: "+ geleseneZeile.substring(0, index
            -1));
```

```
                    //index-1 schliesst die oeffnende spitze
                       Klammer vor dem gesuchten Tag aus
   }

   EntityUtils.consume(entity);
   response.close();
  }
}
```

5.2 Ein HTTP-Client mit Authentifizierung über Username/Passwort in URL

Das Programm Loes_Aufg_5_2a ruft eine Webseite ab, welche nach einer Authentifizierung mittels Benutzername und Passwort verlangt. Der Zugriff auf den Server erfolgt mittels HttpGet. Es wird zu Beginn die Verbindung zum Server mit getStatusLine() geprüft, anschließend wird der Inhalt der Webseite ohne Übermittlung von Authentifizierungsdaten abgerufen und zeilenweise ausgegeben. Am Ende wird die Verbindung zum Server geschlossen.

```java
import java.io.BufferedReader;
import java.io.IOException;
import java.io.InputStream;
import java.io.InputStreamReader;
import java.net.URISyntaxException;

import org.apache.http.HttpEntity;
import org.apache.http.client.ClientProtocolException;
import org.apache.http.client.methods.
    CloseableHttpResponse;
import org.apache.http.client.methods.HttpGet;
import org.apache.http.impl.client.CloseableHttpClient;
import org.apache.http.impl.client.HttpClients;
import org.apache.http.util.EntityUtils;

public class Loes_Aufg_5_2a {

  public static void main(String[] args) throws
      ClientProtocolException, IOException,
      URISyntaxException {
```

```
String URLstr = "http://angewnwt.hof-university.
    de/example-4.php";

CloseableHttpClient httpclient = HttpClients.
    createDefault();

HttpGet httpGet = new HttpGet(URLstr);
CloseableHttpResponse response = httpclient.
    execute(httpGet);
System.out.println(response.getStatusLine()); //
    --> HTTP/1.1 200 OK

response = httpclient.execute(httpGet);
HttpEntity entity = response.getEntity();
InputStream httpStream = entity.getContent();
InputStreamReader httpStreamReader = new
    InputStreamReader(httpStream);
BufferedReader httpBufferedReader = new
    BufferedReader(httpStreamReader);

// empfangenen Text zeilenweise ausgeben
String httpLine;
while((httpLine = httpBufferedReader.readLine())
    != null) {
  System.out.println(httpLine);
}

// Schliessen der Verbindung
EntityUtils.consume(entity);
response.close();
httpBufferedReader.close();
}
}
```

Durch die im ersten Schritt fehlende Authentifizierung ist das Ergebnis der GET-Abfrage nicht das gewünschte. Der Server signalisiert zwar mit HTTP/1.1 200 OK eine erfolgreich aufgebaute Verbindung, meldet im abgerufenen Text der Seite jedoch einen Fehler bei den Zugangsdaten.

```
HTTP/1.1 200 OK
<!DOCTYPE html PUBLIC "-//W3C//DTD_HTML_4.01//EN" "http
    ://www.w3.org/TR/html4/strict.dtd">
```

```html
<html lang="de">
<head>
<link rel="stylesheet" href="style.css">
<meta charset="ISO-8859-1">
<title id="http">Webserver Beispiel 3</title>
<meta content="Philipp_Schmalz" name="author">
</head>

<header>
  <img src="fhh.gif">
  <h1>Angewandte Netzwerktechnik kompakt</h1>
  <h2>Material zum Buch</h2>
</header><nav>
  <div class="navHead">Kapitel</div>
  <ul>
    <li id="navEinf"><a href="einfuehrung.php">Einführung
        </a>
    </li>
    <li id="navGrundl"><a href="grundlagen.php">
        Grundlagen</a>
    </li>
    <li id="navJson"><a href="json.php">Dateiformate:
        JSON</a>
    </li>
    <li id="navHtml"><a href="html.php">Dateiformate:
        HTML</a>
    </li>
    <li id="navHttp"><a href="http.php">Protokolle: HTTP
        </a>
    </li>
    <li id="navOpc"><a href="opcua.php">Protokolle: OPC
        UA</a>
    </li>
    <li id="navTcp"><a href="tcpip.php">Protokolle: TCP /
        IP</a>
    </li>
    <li id="navUdp"><a href="udpip.php">Protokolle: UDP /
        IP</a>
    </li>
  </ul>
  <ul class="anhang">
    <li class="anhang" id="navLoes"><a href="loes_aufg.
        php">Lösungsvorschläge Übungsaufgaben</a>
```

```
    </li>
  </ul>
</nav>

<body id="http"></body>

<main>
<h3>Plenk'sches_Beispiel_4:_Zufallszahl_mit_Login</h3>
<hr>
<article>
<p>Wir_erzeugen_und_zeigen_in_der_n&auml;chsten_Zeile_
    eine_Zufallszahl_zwischen_12_und_34_an,_jedoch_nur_
    dann,_wenn_man_sich_in_der_URL_als_Benutzer_"Hans"_
    mit_Passwort_"Wurscht"_authentifiziert.</p>
<p>F&uuml;r_die_erfolgreiche_Ausf&uuml;hrung_des_Skriptes
    _m&uuml;sste_die_URL_wie_folgt_aussehen:_http://
    angewnwt.hof-university.de/example-4.php?username=
    Hans&password=Wurscht
<p>

Falscher_Benutzername_oder_Passwort!
</article>
</html>

<footer>
__<a_class=noline_href=http://www.hof-university.de/
    impressum.html>Impressum</a>_|
__<a_class=noline_href=http://www.hof-university.de/
    datenschutz.html>Datenschutz</a>
</footer>
```

Das Programm `Loes_Aufg_5_2b` übermittelt diesmal die Authentifizierungsdaten (Benutzername und Passwort), indem es sie als Name-Wert-Paare der Server-URL anhängt. Dies geschieht mittels Nutzung der Klasse `URIBuilder`. Anschließend wird wieder der Inhalt der Webseite abgerufen und zeilenweise ausgegeben. Am Ende wird die Verbindung zum Server geschlossen.

```
import java.io.BufferedReader;
import java.io.IOException;
import java.io.InputStream;
import java.io.InputStreamReader;
import java.net.URISyntaxException;
```

```java
import java.util.ArrayList;
import java.util.List;

import org.apache.http.HttpEntity;
import org.apache.http.NameValuePair;
import org.apache.http.client.ClientProtocolException;
import org.apache.http.client.methods.
    CloseableHttpResponse;
import org.apache.http.client.methods.HttpGet;
import org.apache.http.client.utils.URIBuilder;
import org.apache.http.impl.client.CloseableHttpClient;
import org.apache.http.impl.client.HttpClients;
import org.apache.http.message.BasicNameValuePair;
import org.apache.http.util.EntityUtils;

public class Loes_Aufg_5_2b {

  public static void main(String[] args) throws
      ClientProtocolException, IOException,
      URISyntaxException {

      String URLstr = "http://angewnwt.hof-university.
          de/example-4.php";

      CloseableHttpClient httpclient = HttpClients.
          createDefault();

      // URIBuilder
      URIBuilder uri = new URIBuilder(URLstr);
      List <NameValuePair> nvps = new ArrayList <
          NameValuePair>();
        nvps.add(new BasicNameValuePair("username", "
            Hans"));
        nvps.add(new BasicNameValuePair("password", "
            Wurscht"));
        uri.addParameters(nvps);

      HttpGet httpGet = new HttpGet(uri.build());

      CloseableHttpResponse response = httpclient.
          execute(httpGet);
      HttpEntity entity = response.getEntity();
      InputStream httpStream = entity.getContent();
```

```
InputStreamReader httpStreamReader = new
    InputStreamReader(httpStream);
BufferedReader httpBufferedReader = new
    BufferedReader(httpStreamReader);

System.out.println(response.getStatusLine()); //
    --> HTTP/1.1 200 OK

// empfangenen Text zeilenweise ausgeben
String httpLine;
while((httpLine = httpBufferedReader.readLine())
    != null) {
  System.out.println(httpLine);
}

// Schliessen der Verbindung
EntityUtils.consume(entity);
response.close();
httpBufferedReader.close();
  }
}
```

Mit übermittelten Zugangsdaten gelingt die Authentifizierung beim Server und es kann der gewünschte Seiteninhalt mit einer Zufallszahl abgerufen und ausgegeben werden.

```
HTTP/1.1 200 OK
<!DOCTYPE html PUBLIC "-//W3C//DTD_HTML_4.01//EN" "http
    ://www.w3.org/TR/html4/strict.dtd">
<html lang="de">
<head>
<link rel="stylesheet" href="style.css">
<meta charset="ISO-8859-1">
<title id="http">Webserver Beispiel 3</title>
<meta content="Philipp_Schmalz" name="author">
</head>

<header>
  <img src="fhh.gif">
  <h1>Angewandte Netzwerktechnik kompakt</h1>
  <h2>Material zum Buch</h2>
</header><nav>
  <div class="navHead">Kapitel</div>
  <ul>
```

```
<li id="navEinf"><a href="einfuehrung.php">Einführung
    </a>
</li>
<li id="navGrundl"><a href="grundlagen.php">
    Grundlagen</a>
</li>
<li id="navJson"><a href="json.php">Dateiformate:
    JSON</a>
</li>
<li id="navHtml"><a href="html.php">Dateiformate:
    HTML</a>
</li>
<li id="navHttp"><a href="http.php">Protokolle: HTTP
    </a>
</li>
<li id="navOpc"><a href="opcua.php">Protokolle: OPC
    UA</a>
</li>
<li id="navTcp"><a href="tcpip.php">Protokolle: TCP /
    IP</a>
</li>
<li id="navUdp"><a href="udpip.php">Protokolle: UDP /
    IP</a>
</li>
  </ul>
  <ul class="anhang">
    <li class="anhang" id="navLoes"><a href="loes_aufg.
      php">Lösungsvorschläge Übungsaufgaben</a>
    </li>
  </ul>
</nav>

<body id="http"></body>

<main>
<h3>Plenk'sches_Beispiel_4:_Zufallszahl_mit_Login</h3>
<hr>
<article>
<p>Wir_erzeugen_und_zeigen_in_der_n&auml;chsten_Zeile_
    eine_Zufallszahl_zwischen_12_und_34_an,_jedoch_nur_
    dann,_wenn_man_sich_in_der_URL_als_Benutzer_"Hans"_
    mit_Passwort_"Wurscht"_authentifiziert.</p>
```

```
<p>F&uuml;r␣die␣erfolgreiche␣Ausf&uuml;hrung␣des␣Skriptes
   ␣m&uuml;sste␣die␣URL␣wie␣folgt␣aussehen:␣http://
   angewnwt.hof-university.de/example-4.php?username=
   Hans&password=Wurscht
<p>

14
</article>
</html>

<footer>
␣␣<a␣class=noline␣href=http://www.hof-university.de/
   impressum.html>Impressum</a>␣|
␣␣<a␣class=noline␣href=http://www.hof-university.de/
   datenschutz.html>Datenschutz</a>
</footer>
```

5.3 Ein HTTP-Client mit Authentifizierung über ein Session-Cookie

Das Programm Loes_Aufg_5_3 verbindet sich mit dem Server und ruft eine Webseite ab, welche nach einer Authentifizierung mittels Benutzername und Passwort verlangt und nach erfolgreicher Authentifizierung ein Cookie an den Client überträgt. Dabei werden die Methoden HttpPost und HttpGet verwendet. Der Programmcode ist dreigeteilt, um die einzelnen Abschnitte der Anfrage und deren Funktionsweise zu verdeutlichen, die einzelnen Teile sind jedoch nicht alleine lauffähig.

Im ersten Schritt werden noch keine Authentifizierungsdaten übermittelt, es erfolgt nur eine einfache GET-Anfrage. Nachdem die Verbindung zum Server mit der Methode getStatusLine() geprüft wurde, wird der Inhalt der Seite abgerufen und zeilenweise ausgegeben.

```
import java.io.BufferedReader;
import java.io.IOException;
import java.io.InputStream;
import java.io.InputStreamReader;
import java.util.ArrayList;
import java.util.List;
```

```java
import org.apache.http.HttpEntity;
import org.apache.http.NameValuePair;
import org.apache.http.client.ClientProtocolException;
import org.apache.http.client.entity.UrlEncodedFormEntity
    ;
import org.apache.http.client.methods.
    CloseableHttpResponse;
import org.apache.http.client.methods.HttpGet;
import org.apache.http.client.methods.HttpPost;
import org.apache.http.impl.client.CloseableHttpClient;
import org.apache.http.impl.client.HttpClients;
import org.apache.http.message.BasicNameValuePair;
import org.apache.http.util.EntityUtils;

public class Loes_Aufg_5_3 {

  public static void main(String[] args) throws
      ClientProtocolException, IOException {

      // URL der die Authentifizierungsdaten uebergeben
          werden muessen
      String URLstr = "http://angewnwt.hof-university.
          de/login.php";

      // Abrufer der Webseite mit GET
      CloseableHttpClient httpclient = HttpClients.
          createDefault();
      CloseableHttpResponse response;

      HttpGet httpGet = new HttpGet(URLstr);
        response = httpclient.execute(httpGet);
        System.out.println(response.getStatusLine());
            // --> HTTP/1.1 200 OK

      HttpEntity entity = response.getEntity();
      InputStream httpStream = entity.getContent();
      InputStreamReader httpStreamReader = new
          InputStreamReader(httpStream);
        BufferedReader httpBufferedReader = new
            BufferedReader(httpStreamReader);

      // empfangenen Text zeilenweise ausgeben
        String httpLine;
```

```
while((httpLine = httpBufferedReader.readLine())
    != null) {
  System.out.println(httpLine);
}
```

Durch die fehlende Authentifizierung ist das Ergebnis der GET-Anfrage nicht das gewünschte. Der Server signalisiert zwar mit HTTP/1.1 200 OK eine erfolgreich aufgebaute Verbindung, meldet im abgerufenen Text der Seite jedoch einen Fehler bei den Zugangsdaten.

```
HTTP/1.1 200 OK
<!DOCTYPE html PUBLIC "-//W3C//DTD_HTML_4.01//EN" "http
    ://www.w3.org/TR/html4/strict.dtd">
<html lang="de">
<head>
<link rel="stylesheet" href="style.css">
<meta charset="ISO-8859-1">
<title id="http">Webserver Beispiel 5</title>
<meta content="Philipp_Schmalz" name="author">
</head>

<header>
  <img src="fhh.gif">
  <h1>Angewandte Netzwerktechnik kompakt</h1>
  <h2>Material zum Buch</h2>
</header><nav>
  <div class="navHead">Kapitel</div>
  <ul>
    <li id="navEinf"><a href="einfuehrung.php">Einführung
        </a>
    </li>
    <li id="navGrundl"><a href="grundlagen.php">
        Grundlagen</a>
    </li>
    <li id="navJson"><a href="json.php">Dateiformate:
        JSON</a>
    </li>
    <li id="navHtml"><a href="html.php">Dateiformate:
        HTML</a>
    </li>
    <li id="navHttp"><a href="http.php">Protokolle: HTTP
        </a>
```

```
    </li>
    <li id="navOpc"><a href="opcua.php">Protokolle: OPC
        UA</a>
    </li>
    <li id="navTcp"><a href="tcpip.php">Protokolle: TCP /
        IP</a>
    </li>
    <li id="navUdp"><a href="udpip.php">Protokolle: UDP /
        IP</a>
    </li>
  </ul>
  <ul class="anhang">
    <li class="anhang" id="navLoes"><a href="loes_aufg.
        php">Lösungsvorschläge Übungsaufgaben</a>
    </li>
  </ul>
</nav>

<body id="http"></body>

<main>

<h3>Plenk'sches␣Beispiel␣5:␣Zufallszahl␣mit␣Anmeldeseite␣
    (POST)</h3>
<hr>
<article>

Falscher␣Benutzername␣oder␣Passwort!
<p>Der␣folgende␣Link␣funktioniert,␣falls␣das␣Session-
    Cookie␣akzeptiert␣wurde.␣Sie␣m&uuml;ssen␣sich␣dann␣
    nicht␣mehr␣neu␣anmelden.<br>
Neue␣Zufallszahl:␣<a␣href="login.php">hier␣klicken</a>.</
    p>

<p><a␣href="login-form.php">Zur&uuml;ck␣zum␣Login-
    Formular</a>.</p>

</article>
</html>

<footer>
␣␣<a␣class=noline␣href=http://www.hof-university.de/
    impressum.html>Impressum</a>␣|
```

```
␣␣<a␣class=noline␣href=http://www.hof-university.de/
    datenschutz.html>Datenschutz</a>
</footer>
```

Im zweiten Schritt wird das Programm um die Anmeldung beim Server mittels Benutzername und Passwort erweitert. Dabei werden lediglich die Authentifizierungsdaten mit einer POST-Anfrage übertragen ohne den Seiteninhalt erneut abzurufen.

```
HttpPost httpPost = new HttpPost(URLstr);
List <NameValuePair> nvps = new ArrayList <
    NameValuePair>();
nvps.add(new BasicNameValuePair("username", "Hans
    "));
nvps.add(new BasicNameValuePair("password", "
    Wurscht"));
nvps.add(new BasicNameValuePair("submit", "
    anmelden"));
httpPost.setEntity(new UrlEncodedFormEntity(nvps)
    );
response = httpclient.execute(httpPost);
```

Im dritten Schritt wird die Seite erneut mit einer GET-Abfrage abgerufen. Hierbei ist keine nochmalige Authentifizierung nötig, da die Authentifizierungsdaten in einem Session-Cookie gespeichert wurden. Der Text wird wieder zeilenweise empfangen und auf der Konsole zur Anzeige gebracht. Am Ende wird die Verbindung zum Server geschlossen.

```
httpGet = new HttpGet(URLstr);
response = httpclient.execute(httpGet);
System.out.println(response.getStatusLine()); //
    --> HTTP/1.1 200 OK

entity = response.getEntity();
httpStream  = entity.getContent();
httpStreamReader = new InputStreamReader(
    httpStream);
  httpBufferedReader = new BufferedReader(
      httpStreamReader);

// empfangenen Text zeilenweise ausgeben
while((httpLine = httpBufferedReader.readLine())
    != null) {
```

```
            System.out.println(httpLine);
        }

        // Schliessen der Verbindung
        EntityUtils.consume(entity);
        response.close();
        httpBufferedReader.close();
    }
}
```

Auch ohne erneute Übermittlung von Zugangsdaten gelingt diesmal die Authentifizierung und der gewünschte Seiteninhalt mit einer Zufallszahl kann abgerufen werden.

```
HTTP/1.1 200 OK
HTTP/1.1 200 OK
<!DOCTYPE html PUBLIC "-//W3C//DTD_HTML_4.01//EN" "http
    ://www.w3.org/TR/html4/strict.dtd">
<html lang="de">
<head>
<link rel="stylesheet" href="style.css">
<meta charset="ISO-8859-1">
<title id="http">Webserver Beispiel 5</title>
<meta content="Philipp_Schmalz" name="author">
</head>

<header>
  <img src="fhh.gif">
  <h1>Angewandte Netzwerktechnik kompakt</h1>
  <h2>Material zum Buch</h2>
</header><nav>
  <div class="navHead">Kapitel</div>
  <ul>
    <li id="navEinf"><a href="einfuehrung.php">Einführung
        </a>
    </li>
    <li id="navGrundl"><a href="grundlagen.php">
        Grundlagen</a>
    </li>
    <li id="navJson"><a href="json.php">Dateiformate:
        JSON</a>
    </li>
    <li id="navHtml"><a href="html.php">Dateiformate:
        HTML</a>
```

```
    </li>
    <li id="navHttp"><a href="http.php">Protokolle: HTTP
        </a>
    </li>
    <li id="navOpc"><a href="opcua.php">Protokolle: OPC
        UA</a>
    </li>
    <li id="navTcp"><a href="tcpip.php">Protokolle: TCP /
        IP</a>
    </li>
    <li id="navUdp"><a href="udpip.php">Protokolle: UDP /
        IP</a>
    </li>
  </ul>
  <ul class="anhang">
    <li class="anhang" id="navLoes"><a href="loes_aufg.
        php">Lösungsvorschläge Übungsaufgaben</a>
    </li>
  </ul>
</nav>

<body id="http"></body>

<main>

<h3>Plenk'sches_Beispiel_5:_Zufallszahl_mit_Anmeldeseite_
    (POST)</h3>
<hr>
<article>

<p>Sie_sind_authentifiziert.</p><p>Ihre_pers&ouml;hnliche
    _Zufallszahl_lautet:_16</p>
<p>Der_folgende_Link_funktioniert,_falls_das_Session-
    Cookie_akzeptiert_wurde._Sie_m&uuml;ssen_sich_dann_
    nicht_mehr_neu_anmelden.<br>
Neue_Zufallszahl:_<a_href="login.php">hier_klicken</a>.</
    p>

<p><a_href="login-form.php">Zur&uuml;ck_zum_Login-
    Formular</a>.</p>

</article>
</html>
```

```
<footer>
␣␣<a␣class=noline␣href=http://www.hof-university.de/
    impressum.html>Impressum</a>␣|
␣␣<a␣class=noline␣href=http://www.hof-university.de/
    datenschutz.html>Datenschutz</a>
</footer>
```

A.5 Lösungen zu Kap. 7

7.1 Einfache Datenübertragung zwischen Client und Server

Sourcecode für Server Das Programm Loes_Aufg_7_1Server startet den Server auf Port 4711. Verbindet sich ein Client, so empfängt der Server die vom Client geschickte Zeichenkette und wandelt diese in Großbuchstaben. Anschließend schickt er die konvertierte Zeichenkette zurück an den Client und beendet die Verbindung.

```java
import java.io.IOException;
import java.io.DataInputStream;
import java.io.DataOutputStream;
import java.net.ServerSocket;
import java.net.Socket;

public class Loes_Aufg_7_1Server {

  ServerSocket serverSocket;
  Socket linkZumClient;
  DataInputStream inFromClient;
  DataOutputStream outToClient;

  public Loes_Aufg_7_1Server( int port) throws
      IOException
  {
    serverSocket = new ServerSocket(port); // Socket
        erzeugen

    System.out.println("Server␣gestartet.");
    linkZumClient = serverSocket.accept(); // warten bis
        sich Client verbindet
```

```java
  System.out.println("Verbindung_hergestellt_mit_"+
      serverSocket.getInetAddress());

  inFromClient = new DataInputStream(linkZumClient.
      getInputStream());

  outToClient = new DataOutputStream(linkZumClient.
      getOutputStream());
}

public void tuWas() throws IOException {

  String zeichenketteklein = null;
  String zeichenkettegross = null;

  zeichenketteklein = inFromClient.readUTF() ; //String
      vom Client empfangen

  System.out.print("Server_Empfangen:_"+
      zeichenketteklein);

  zeichenkettegross = zeichenketteklein.toUpperCase();

  outToClient.writeUTF(zeichenkettegross);
  System.out.println("_gesendet:_"+ zeichenkettegross);
}

public void disconnect() throws IOException {
  inFromClient.close();
  outToClient.close();
  linkZumClient.close();
  serverSocket.close();
}

public static void main(String[] args) throws
    IOException {

  Loes_Aufg_7_1Server meinServer = new
      Loes_Aufg_7_1Server(4711);
  meinServer.tuWas();
  meinServer.disconnect();
}
}
```

Sourcecode für Client Das Programm `Loes_Aufg_7_1Client` baut eine Verbindung zum Server mit der IP-Adresse 127.0.0.1 (Port 4711) auf. Anschließend erfolgt eine Texteingabe über Tastatur. Dieser Text wird als String im UTF-Format an den Server geschickt. Daraufhin wartet der Client, bis der Server den in Großbuchstaben konvertierten String wieder zurücksendet und zeigt diesen an. Am Ende schließt der Client die Verbindung zum Server.

```java
import java.io.IOException;
import java.io.InputStreamReader;
import java.io.BufferedReader;
import java.io.DataInputStream;
import java.io.DataOutputStream;
import java.net.InetAddress;
import java.net.Socket;
import java.net.UnknownHostException;

public class Loes_Aufg_7_1Client {

    Socket linkZumServer;
    DataInputStream inFromServer;
    DataOutputStream outToServer;

    public Loes_Aufg_7_1Client(InetAddress address, int
        port) throws IOException {

        linkZumServer = new Socket(address,port); // mit
            Server verbinden
        System.out.println("Verbindung hergestellt");

        inFromServer = new DataInputStream(linkZumServer.
            getInputStream());

        outToServer = new DataOutputStream(linkZumServer.
            getOutputStream());
    }

    public void tuWas() throws IOException {

        InputStreamReader tastatur = new InputStreamReader(
            System.in);
```

```
BufferedReader bufferedtastatur = new BufferedReader(
    tastatur);
System.out.print("Zeichenkette eingeben: ");

String eingabe = bufferedtastatur.readLine();

outToServer.writeUTF(eingabe); // neuer String an
    Server

String ausgabe = inFromServer.readUTF(); //String vom
    Server empfangen

System.out.println("Zeichenkette empfangen: " +
    ausgabe);
}

public void disconnect() throws IOException {

inFromServer.close();
outToServer.close();
linkZumServer.close();
}

public static void main(String[] args) throws
    UnknownHostException, IOException {

Loes_Aufg_7_1Client meinClient = new
    Loes_Aufg_7_1Client(InetAddress.getByName("
    127.0.0.1"),4711);

meinClient.tuWas();
meinClient.disconnect();
}
}
```

7.2 Fileübertragung zwischen Client und Server
Sourcecode für Server Das Programm `Loes_Aufg_7_2Server` wartet, bis sich der Client verbindet und empfängt den Namen (String `dateiName`) der vom Client zu übertragenden Datei. Im Anschluß daran wird dem Server mitgeteilt, wie viele Bytes er vom Client empfangen muss (Variable `bytesToRead`). Der Server empfängt die Daten byteweise und schreibt diese in die von

ihm angelegte Datei. Am Ende schickt der Server die Anzahl
der empfangenen Bytes zurück an den Client und beendet die
Verbindung.

```java
import java.io.IOException;
import java.io.BufferedInputStream;
import java.io.BufferedOutputStream;
import java.io.DataInputStream;
import java.io.DataOutputStream;
import java.io.FileOutputStream;
import java.net.ServerSocket;
import java.net.Socket;

public class Loes_Aufg_7_2Server {

   ServerSocket serverSocket;
   Socket linkZumClient;
   DataInputStream inFromClient;
   DataOutputStream outToClient;

   public Loes_Aufg_7_2Server( int port) throws
       IOException {

     serverSocket = new ServerSocket(port); // Socket
         erzeugen
     System.out.println("Server_gestartet.");

     linkZumClient = serverSocket.accept(); // warten bis
         sich Client verbindet
     System.out.println("Verbindung_hergestellt_mit_"+
         linkZumClient.getInetAddress());

     inFromClient = new DataInputStream(new
         BufferedInputStream(linkZumClient.getInputStream
         ()));
     outToClient = new DataOutputStream(new
         BufferedOutputStream(linkZumClient.
         getOutputStream()));
   }

   public void empfangeDatei() throws IOException {

         int readByte;
```

```
String dateiName;
int bytesToRead;

// Dateinamen empfangen
dateiName= inFromClient.readUTF();

// Datei zum Schreiben oeffnen
FileOutputStream outToFile = new FileOutputStream("
    Neu_" + dateiName);
System.out.println("Empfange_Datei_"+ "Neu_" +
    dateiName);

// Zahl der zu empfangenden Bytes empfangen
bytesToRead = inFromClient.readInt();
System.out.println("Lese_"+bytesToRead+"_Bytes.");

int anzempfbytes = 0;

// Byteweise empfangen und in Datei schreiben
while(bytesToRead-- > 0) {
  readByte = inFromClient.readByte();
  outToFile.write(readByte);
  System.out.print("\rnoch_"+bytesToRead);
  anzempfbytes ++;
}
outToFile.close();

// Zahl der empfangenen Bytes an Client schicken
outToClient.writeInt(anzempfbytes);
}

public void disconnect() throws IOException {
  outToClient.close();
  inFromClient.close();
  linkZumClient.close();
  serverSocket.close();
}

public static void main(String[] args) throws
    IOException {

  Loes_Aufg_7_2Server meinServer = new
      Loes_Aufg_7_2Server(4711);
```

```
    meinServer.empfangeDatei();
    meinServer.disconnect();
  }
}
```

Sourcecode für Client Das Programm `Loes_Aufg_7_2Client`
verbindet sich mit dem Server (IP-Adresse 127.0.0.1, Port 4711),
öffnet die zu sendende Datei (`test.jpg`) und überträgt den Dateinamen an den Server. Ebenso ermittelt es die Dateilänge und
sendet diese als Int-Wert (`numberOfBytes`). Anschließend schickt
der Client byteweise den Inhalt der Datei und wartet am Ende der
Übertragung, bis der Server die Anzahl der empfangenen Bytes
bestätigt. Am Schluss wird die Verbindung beendet.

```java
import java.io.IOException;
import java.io.BufferedInputStream;
import java.io.BufferedOutputStream;
import java.io.DataInputStream;
import java.io.DataOutputStream;
import java.io.FileInputStream;
import java.net.InetAddress;

import java.net.Socket;
import java.net.UnknownHostException;

public class Loes_Aufg_7_2Client {

    Socket linkZumServer;
    DataInputStream inFromServer;
    DataOutputStream outToServer;

    public Loes_Aufg_7_2Client (InetAddress address, int
        port) throws IOException {

        linkZumServer = new Socket(address,port); // mit
            Server verbinden
        System.out.println("Verbindung hergestellt");

        inFromServer = new DataInputStream(new
            BufferedInputStream(linkZumServer.
            getInputStream()));
```

```java
    outToServer = new DataOutputStream(new
        BufferedOutputStream(linkZumServer.
        getOutputStream())));
}

public void sendeDatei(String dateiName) throws
    IOException {
    int readByte;
    int numberOfBytes;

    // Datei zum Lesen oeffnen
    FileInputStream inFromFile = new FileInputStream(
        dateiName);
    System.out.println("Datei␣" + dateiName + "wird␣
        uebertragen");

    // Dateinamen uebertragen
    outToServer.writeUTF(dateiName);

    // Dateilaenge ermitteln und uebertragen
    numberOfBytes = inFromFile.available();
    outToServer.writeInt(numberOfBytes);
    System.out.println("Sende␣" + numberOfBytes + "␣
        Bytes.");

    // Datei byteweise einlesen und an Server
    //     schicken
    while((readByte = inFromFile.read()) >= 0) {
        outToServer.writeByte(readByte);
    }
    // evtl. noch im Puffer des BufferedOutputStreams
    //     befindliche Bytes an Server schicken
    outToServer.flush();
    inFromFile.close();

    // Bytezahl vom Server empfangen
    int anzempfbytes = inFromServer.readInt();
    System.out.println("Der␣Server␣hat␣folgende␣
        Anzahl␣empfangener␣Bytes␣gemeldet:␣" +
        anzempfbytes);
}

public void disconnect() throws IOException {
```

```
            outToServer.close();
            inFromServer.close();
            linkZumServer.close();
    }

    public static void main(String[] args) throws
        UnknownHostException, IOException {
        String dateiName;
        dateiName = "test.jpg";

        Loes_Aufg_7_2Client meinClient = new
            Loes_Aufg_7_2Client (InetAddress.getByName("
            127.0.0.1"),4711);

        meinClient.sendeDatei(dateiName);
        meinClient.disconnect();
    }
}
```

A.6 Lösungen zu Kap. 8

8.1 Übertragen eines Strings per UDP/IP

Das Programm Loes_Aufg_8_1 zählt von einem Startwert aus im
Sekundentakt hoch. Dazu wandelt es eine Zahl in einen String
um, zerlegt diesen wiederum in einzelne Zeichen und überträgt
diese als Bytes in einem Datagramm an die IP-Adresse 127.0.0.1
und den Port 4711. Im Anschluss wird die Zahl um 1 erhöht, 1
Sekunde gewartet und der Ablauf innerhalb der do-while-Schleife
beginnt von vorne.

```
import java.io.IOException;
import java.net.DatagramPacket;
import java.net.DatagramSocket;
import java.net.InetAddress;
import java.net.UnknownHostException;

public class Loes_Aufg_8_1 {
    InetAddress adresse;
    int port;
    DatagramSocket socket;
    byte[] bytePuffer;
```

```java
DatagramPacket udpPaket;

public Loes_Aufg_8_1(InetAddress empfaengerAdresse,
    int empfaengerPort) throws IOException {

    socket = new DatagramSocket();
    System.out.println("UDPSender_Socket_erzeugt");
    bytePuffer = new byte[10];
    udpPaket = new DatagramPacket(bytePuffer,
        bytePuffer.length);
    System.out.println("UDPSender_Datenpaket_erzeugt"
        );
    this.adresse = empfaengerAdresse;
    this.port = empfaengerPort;
}

public void tuWas(int startwert) throws IOException,
    InterruptedException {

    do {
        String zahl = String.valueOf(startwert);
        byte[] ziffern = zahl.getBytes();
        udpPaket.setData(ziffern);
        udpPaket.setLength(ziffern.length);
        udpPaket.setPort(port);
        udpPaket.setAddress(adresse);
        socket.send(udpPaket);
        System.out.println("UDPSender_gesendet:_"+
            zahl);
        Thread.sleep(1000);
        startwert++;
    }
    while(true);
}

public void disconnect() throws IOException {

    socket.close();
}

public static void main(String[] args) throws
    UnknownHostException, IOException,
    InterruptedException {
```

```
        Loes_Aufg_8_1 sender = new Loes_Aufg_8_1(
            InetAddress.getByName("127.0.0.1"),4711);
        sender.tuWas(1);
        sender.disconnect();
    }
}
```

8.2 Empfangen von Daten per UDP/IP

Das Programm Loes_Aufg_8_2 wartet auf eingehende Datagramme auf Port 4711. Sobald ein Paket empfangen wird, verbindet es die einzelnen Bytes wieder zu einem String, gibt diesen aus und wartet auf ein neues Datagramm.

```java
import java.io.IOException;
import java.net.DatagramPacket;
import java.net.DatagramSocket;
import java.net.InetAddress;
import java.net.UnknownHostException;

public class Loes_Aufg_8_2 {
    InetAddress adresse;
    int port;
    DatagramSocket socket;
    byte[] bytePuffer;
    DatagramPacket udpPaket;

    public Loes_Aufg_8_2 (int empfaengerPort) throws
        IOException {

        socket = new DatagramSocket(empfaengerPort);
        System.out.println("UDPEmpfaenger_Socket_erzeugt"
            );
        bytePuffer = new byte[10];
        udpPaket = new DatagramPacket(bytePuffer,
            bytePuffer.length);
        System.out.println("UDPEmpfaenger_Datenpaket_
            erzeugt");
    }

    public void tuWas() throws IOException {

        String zahl;
```

```
    do {
        socket.receive(udpPaket);
        zahl = new String(udpPaket.getData());
        System.out.println("Empfangen: "+zahl);
    }
    while(true);
}

public void disconnect() throws IOException {

    socket.close();
}

public static void main(String[] args) throws
    UnknownHostException, IOException {

    Loes_Aufg_8_2 empfaenger = new Loes_Aufg_8_2
        (4711);
    empfaenger.tuWas();
    empfaenger.disconnect();
}
}
```

A.7 Lösungen zu Kap. 9

9.1

Listing A.1 SOAP-Client

```
package soap;

import java.net.MalformedURLException;
import java.net.URL;
import javax.xml.namespace.QName;
import javax.xml.ws.Service;

public class Loes_Aufg_9_1
{
  public static void main(String[] args) throws
      MalformedURLException
  {
```

```
String url = "http://angewnwt.hof-university.de:4437/
    verwaltung";

// Verbindung zum Server aufbauen
Service service = Service.create(
    new URL(url + "?wsdl"),
    new QName("http://soap/", "VerwaltungImplService"
        ));

// Stub-Methoden bereitstellen
VerwaltungInterface verwaltung = service.getPort(
    VerwaltungInterface.class);

// Alle Matrikelnummern durchprobieren
for(int matNr = 10000; matNr < 30000; matNr++ ) {
  Student s = verwaltung.nameZuMatrikelnummer(matNr);
  if(s != null) {
    System.out.println("Gueltige Matrikelnummer: "+ s
        .matrikelNummer + ": " + s.name);
  }
 }
 }
}
```

Für die Beobachtung des Datenverkehrs starten wir erst Wireshark und dann unser Programm. Mit dem Display Filter `ip.port == 4437` sehen wir nur noch Pakete zum Webservice. Wenn wir eines dieser Pakete auswählen und dann der Konversation folgen bekommen eine Anzeige wie in Abb. A.12. Die nicht grau hinterlegten Zeilen zeigen den Austausch für eine Anfrage. Wenn wir auf eine der Zeilen klicken, springt Wireshark im Hauptfenster auf das entsprechende Paket. Wenn wir nun dieses Paket und das zugehörige Antwortpaket in einem separaten Fenster öffnen bekommen wir die Anzeigen in den Abb. A.13 und A.14.

Insgesamt werden in den beiden Paketen 557 Bytes übertragen.

```
Wireshark · Follow TCP Stream (tcp.stream eq 24) · wireshark_pcapng_en0_20180926143...

POST /verwaltung HTTP/1.1
Accept: text/xml, multipart/related
Content-Type: text/xml; charset=utf-8
SOAPAction: "http://soap/VerwaltungInterface/nameZuMatrikelnummerRequest"
User-Agent: JAX-WS RI 2.2.9-b130926.1035 svn-
revision#5f6196f2b90e9460065a4c2f4e30e065b245e51e
Host: angewnwt-neu.hof-university.de:4437
Connection: keep-alive
Content-Length: 232

<?xml version="1.0" ?><S:Envelope xmlns:S="http://schemas.xmlsoap.org/soap/
envelope/"><S:Body><ns2:nameZuMatrikelnummer xmlns:ns2="http://
soap/"><matrikelNummer>15892</matrikelNummer></ns2:nameZuMatrikelnummer></
S:Body></S:Envelope>HTTP/1.1 200 OK
Date: Wed, 26 Sep 2018 12:37:09 GMT
Transfer-encoding: chunked
Content-type: text/xml; charset=utf-8

5e
<?xml version="1.0" ?><S:Envelope xmlns:S="http://schemas.xmlsoap.org/soap/
envelope/"><S:Body>
52
<ns2:nameZuMatrikelnummerResponse xmlns:ns2="http://soap/"/></S:Body></
S:Envelope>
0

POST /verwaltung HTTP/1.1
Accept: text/xml, multipart/related
Content-Type: text/xml; charset=utf-8
SOAPAction: "http://soap/VerwaltungInterface/nameZuMatrikelnummerRequest"
User-Agent: JAX-WS RI 2.2.9-b130926.1035 svn-
revision#5f6196f2b90e9460065a4c2f4e30e065b245e51e
Host: angewnwt-neu.hof-university.de:4437
Connection: keep-alive
Content-Length: 232

599 client pkt(s), 598 server pkt(s), 598 turn(s).

Entire conv        Show data as  ASCII                          Stream  24

Find:                                                          Find Next

Help    Hide this stream    Print    Save as...                 Close
```

Abb. A.12 Ein Ausschnitt aus der Konversation zwischen SOAP-Client und SOAP-Server

9.2

Listing A.2 REST-Client

```
package rest;

import javax.ws.rs.client.Client;
import javax.ws.rs.client.ClientBuilder;
```

```
●●●                Wireshark · Packet 42290 · wireshark_pcapng_en0_20180926143522_E2JKQS

▶ Frame 42290: 298 bytes on wire (2384 bits), 298 bytes captured (2384 bits) on interface…
▶ Ethernet II, Src: Apple_8d:87:43 (ac:bc:32:8d:87:43), Dst: Fortinet_09:00:12 (00:09:0f:…
▶ Internet Protocol Version 4, Src: 192.168.169.143, Dst: 192.168.84.7
▶ Transmission Control Protocol, Src Port: 62630 (62630), Dst Port: 4437 (4437), Seq: 351…
▶ [2 Reassembled TCP Segments (596 bytes): #42289(364), #42290(232)]
▼ Hypertext Transfer Protocol
  ▶ POST /verwaltung HTTP/1.1\r\n
    Accept: text/xml, multipart/related\r\n
    Content-Type: text/xml; charset=utf-8\r\n
    SOAPAction: "http://soap/VerwaltungInterface/nameZuMatrikelnummerRequest"\r\n
    User-Agent: JAX-WS RI 2.2.9-b130926.1035 svn-revision#5f6196f2b90e9460065a4c2f4e30e06…
    Host: angewnwt-neu.hof-university.de:4437\r\n
    Connection: keep-alive\r\n
  ▼ Content-Length: 232\r\n
      [Content length: 232]
    \r\n
    [Full request URI: http://angewnwt-neu.hof-university.de:4437/verwaltung]
    [HTTP request 5894/20001]
    [Prev request in frame: 42283]
    [Response in frame: 42294]
    [Next request in frame: 42297]
▼ eXtensible Markup Language
  ▼ <?xml
       version="1.0"
       ?>
  ▼ <S:Envelope
       xmlns:S="http://schemas.xmlsoap.org/soap/envelope/">
    ▼ <S:Body>
      ▼ <ns2:nameZuMatrikelnummer
           xmlns:ns2="http://soap/">
        ▼ <matrikelNummer>
             15892
           </matrikelNummer>
         </ns2:nameZuMatrikelnummer>
       </S:Body>
     </S:Envelope>

No.: 42290 · Time: 0.002394 · Source: 192.168.169.143 · Destination: 192.168.84.7 · Protocol: HTTP/XML · Info: POST /verwaltung HTTP/1.1

  Help                                                                            Close
```

Abb. A.13 Eine Client Anfrage

```java
import javax.ws.rs.client.Invocation;
import javax.ws.rs.client.WebTarget;
import javax.ws.rs.core.MediaType;

import com.google.gson.Gson;
import com.google.gson.GsonBuilder;

public class Loes_Aufg_9_2 {
  public static void main(String[] args)
  {
    // URL des Servers
    String baseUrl   = "http://angewnwt.hof-university.de
        :4438";
```

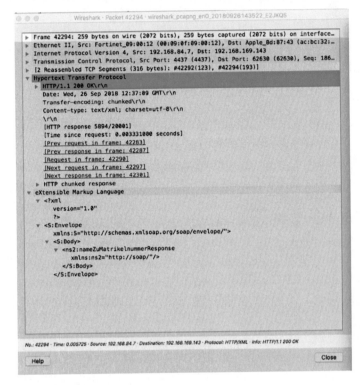

Abb. A.14 Die Server Antwort zur Anfrage aus Abb. A.13

```java
// Relative Pfade auf dem Server
String webContextPath = "/student";


Student s = null;


// GSON Instanz fuer das Interpretieren der Antwort
    vom Server
Gson gson = new GsonBuilder().create();


// Jersey Client fuer das Abfragen des Servers
    erzeugen
Client client = ClientBuilder.newClient();
```

```java
    // Alle Matrikelnummern durchprobieren
    for(int matNr = 10000; matNr < 30000; matNr++ ) {
      // Server abfragen: Name zur Matrikelnummer
      // WebTarget erzeugen und richtigen Pfad angeben
      WebTarget target = client.target( baseUrl +
          webContextPath);
      // abzufragende Matrikelnummer an Pfad anhaengen
      target = target.path( String.valueOf(matNr) );
      // GET-Anfrage erzeugen
      Invocation invocation = target.request( MediaType.
          APPLICATION_JSON ).buildGet();
      // Anfrag an Server senden, JSON-String empfangen
      // und decodieren
      String jsonString = invocation.invoke(String.class
          );
      // JSON-String decodieren
      s = gson.fromJson(jsonString, Student.class);
      if(s != null) {
        System.out.println("Gueltige Matrikelnummer: "+ s
            .matrikelNummer + ": " + s.name);
      }
    }
  }
}
```

Für die Beobachtung des Datenverkehrs starten wir erst Wireshark und dann unser Programm. Mit dem Display Filter `ip.port == 4438` sehen wir nur noch Pakete zum Webservice. Abb. A.15 zeigt oben einen Ausschnitt aus dem Hauptfenster. Darunter sind zwei Ansichten von einem Anfrage- und einem Antwort-Paket. In den beiden Paketen werden insgesamt 337 Bytes übertragen.

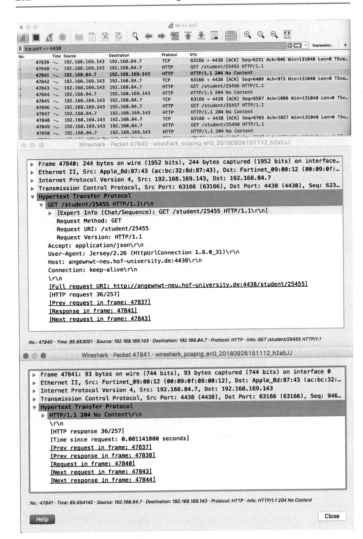

Abb. A.15 Mehrere REST Anfragen und Antworten

9.3

Listing A.3 Eigenbau-Client

```
package eigenbau;

import java.io.IOException;
import java.io.InputStream;
import java.io.OutputStream;
import java.net.Socket;
import java.net.UnknownHostException;
import java.nio.charset.Charset;

public class Loes_Aufg_9_3
{
  String ip;
  int port;
  Socket server;
  OutputStream outToServer;
  InputStream inFromServer;

  public Loes_Aufg_9_3(String ip, int port)
  {
    this.ip = ip;
    this.port = port;
  }

  public void baueVerbindungAuf() throws
      UnknownHostException, IOException
  {
    this.server = new Socket(ip, port);

    System.out.println("Client_verbunden_mit:_" + this.
        server.getInetAddress() + ":" + this.server.
        getPort());

    this.outToServer = this.server.getOutputStream();
    this.inFromServer = this.server.getInputStream();
  }

  public Befehl sendeBefehl(Befehl befehl) throws
      IOException
  {
    byte[] bytes = new byte[6];
```

```java
Befehl antwort = new Befehl();

outToServer.write(befehl.baueBefehlString());

int read = inFromServer.read(bytes, 0, 6);
if(read == -1)
{
  schliesseVerbindung();
  return antwort;
}
antwort.anfrage = new String(bytes, 0, 3, Charset.
    forName("ASCII"));
String antwortAnhangLaenge = new String(bytes, 3, 3,
    Charset.forName("ASCII"));

int anhangLaenge = Integer.parseInt(
    antwortAnhangLaenge);
if(anhangLaenge > 0)
{
  bytes = new byte[anhangLaenge];
  inFromServer.read(bytes, 0, anhangLaenge);
  antwort.anhang = new String(bytes, 0, anhangLaenge,
      Charset.forName("UTF-8"));
}
return antwort;
}

public void schliesseVerbindung() throws IOException
{
  outToServer.close();
  inFromServer.close();
  server.close();
}

public static void main(String[] args) throws
    UnknownHostException, IOException,
    InterruptedException
{
  String ip =  "angewnwt.hof-university.de";
  int port  = 4439;

  Loes_Aufg_9_3 client = new Loes_Aufg_9_3(ip, port);
```

```java
client.baueVerbindungAuf();

// Alle Matrikelnummern durchprobieren
for(int matNr = 10000; matNr < 30000; matNr++ ) {

    // Finde Name zu Matrikelnummer
    Befehl befehl = new Befehl();
    befehl.anfrage = "STU";
    befehl.anhang = Integer.toString(matNr);
    Befehl antwort = client.sendeBefehl(befehl);
    if(antwort.anhang.length() > 0) {
        String teile[] = antwort.anhang.split(";");

        int matrikelNummer = Integer.parseInt(teile[0]);
        String name = teile[1];

        System.out.println("Gueltige_Matrikelnummer:_"+
            matrikelNummer + ":_" + name);
    }
}
client.schliesseVerbindung();
}
}
```

Für die Beobachtung des Datenverkehrs starten wir erst Wireshark und dann unser Programm. Mit dem Display Filter `ip.port == 4439` sehen wir nur noch Pakete zum Webservice. Abb. A.16 zeigt oben einen Ausschnitt aus dem Hauptfenster. Darunter sind zwei Ansichten von einem Anfrage- und einem Antwort-Paket. Die Nutzdaten werden nur noch im Hexadezimalformat angezeigt, da Wireshark bei reinem TCP/IP nicht wissen kann, wie die Bytes interpretiert werden sollen. In den beiden Paketen werden 149 Bytes übertragen.

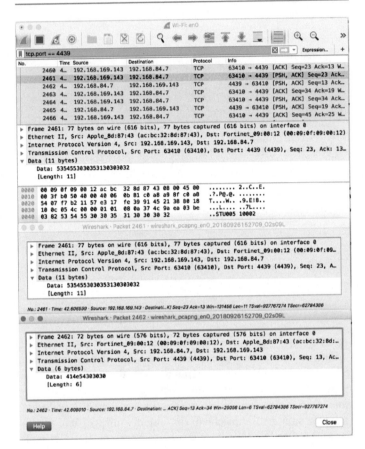

Abb. A.16 Mehrere Anfragen und Antworten für den Eigenbau Client

Literatur

1. Abts D (2015) Masterkurs Client/Server-Programmierung mit Java, 4. Aufl. Springer Vieweg, Wiesbaden
2. Bassett L (2015) Introduction to JavaScript Object Notation. O'Reilly Media, Inc., http://proquestcombo.safaribooksonline.com/book/web-development/json/9781491929476
3. Baun C (2015) Computernetze kompakt, 3. Aufl. Springer Vieweg
4. Berners-Lee T, Fielding R, Masinter L (2005) RFC 3986, URI Generic Syntax. http://tools.ietf.org/html/rfc3986
5. Verband eV MD (2014) Universal Machine Connectivity for MES – UM-CM. Tech. Rep. Version 1.7, MPDV Microlab, Römerring 1, D-74821 Mosbach
6. Fielding RT (2000) Architectural Styles and the Design of Network-based Software Architectures. Master's thesis, University of California, Irvine, California, USA
7. Kernighan BW, Ritchie DM (1990) Programmieren in C, 2. Aufl. Hanser, München
8. Krüger G, Stark T (2008) Handbuch der Java-Programmierung, 5. Aufl. Addison-Wesley, München
9. Kurose JF, Ross KW (2008) Computernetzwerke, Der Top-Down-Ansatz, 4. Aufl. Pearson Studium
10. Lamping U (2016) Wireshark User's Guide. https://www.wireshark.org/docs/wsug_html_chunked/
11. Lange J, Iwanitz F, Burke TJ (2014) OPC von Data Access bis Unified Architecture, 5. Aufl. VDE Verlag, Berlin
12. Mahnke W, Leitner SH, Damm M (2010) OPC Unified Architecture. Springer, Berlin
13. OPCFoundation (2016) Dokumentation zum OPC-UA Stack. http://www.hb-softsolution.com/comet/doc/stack/overview-summary.html
14. OPCFoundation (2016) OPC Ebook. http://www.commsvr.com/UAModelDesigner/Index.aspx
15. OPCFoundation (2016) OPC UA Stack. http://www.hb-softsolution.com/comet/doc/stack/overview-summary.html

16. Oracle (2016) Package java.net. https://docs.oracle.com/javase/8/docs/api/java/net/package-summary.html
17. selfhtml (2016) HTML. https://wiki.selfhtml.org/wiki/HTML
18. Stein E (2008) Taschenbuch Rechnernetze und Internet, 3. Aufl. Hanser Verlag, München
19. Ullenboom C (2016) Java ist auch eine Insel. Rheinwerk Computing, http://openbook.rheinwerk-verlag.de/javainsel/
20. W3C (2007) SOAP Version 1.2. https://www.w3.org/TR/soap12/
21. White JE (1976) RFC 777: A High-Level Framework for Network-Based Resource Sharing. https://tools.ietf.org/html/rfc707
22. Wikipedia (2016) JavaScript Object Notation. https://de.wikipedia.org/wiki/JavaScript_Object_Notation
23. Wikipedia (2016) OPC Unified Architecture. https://de.wikipedia.org/wiki/OPC_Unified_Architecture
24. Wikipedia (2016) Transmission control protocol. https://de.wikipedia.org/wiki/Transmission_Control_Protocol
25. Wikipedia (2016) Transmission control protocol/internet protocol. https://de.wikipedia.org/wiki/Transmission_Control_Protocol/Internet_Protocol
26. Wikipedia (2016) User datagram protocol. https://de.wikipedia.org/wiki/User_Datagram_Protocol
27. Wireshark (2016) Wireshark Wiki. https://wiki.wireshark.org

Sachverzeichnis

Printed in the United States
By Bookmasters